Umesh Sapkota

Impacto da variabilidade climática na produção de arroz

Umesh Sapkota

Impacto da variabilidade climática na produção de arroz

Percepções do Nepal Central

ScienciaScripts

Imprint

Cover image: www.ingimage.com

This book is a translation from the original published under ISBN 978-3-659-85229-9.

Publisher:
Sciencia Scripts
is a trademark of
Dodo Books Indian Ocean Ltd. and OmniScriptum S.R.L publishing group

120 High Road, East Finchley, London, N2 9ED, United Kingdom
Str. Armeneasca 28/1, office 1, Chisinau MD-2012, Republic of Moldova, Europe
Printed at: see last page
ISBN: 978-620-8-35902-7

ÍNDICE DE CONTEÚDOS

RECONHECIMENTO

Este é o esforço sinérgico de várias pessoas, sem as quais eu não poderia ter imaginado este trabalho tal como ele é hoje.

Gostaria de expressar a minha profunda gratidão ao Professor Surya Mani Dhungana, presidente do comité consultivo, pela sua valiosa orientação, apoio constante, encorajamento e supervisão, bem como pela sua correção crítica durante todo o período do meu estudo.

Estou profundamente grato ao Professor Assistente Santosh Marahatta, membro do comité consultivo, e ao Professor Assistente Shiva Chandra Dhakal, pelos seus comentários construtivos durante a preparação e apresentação da tese. Agradece-se igualmente ao Departamento de Economia Agrícola do IAAS por ter fornecido ideias valiosas para o trabalho de investigação.

É com orgulho que exprimo a minha sincera gratidão ao Professor Narendra Kumar Chaudhary (Reitor), ao Prof. Dr. Gopal Bahadur K.C. (Reitor Adjunto, Académico) do IAAS e ao Sr. Shyam Sundar Pant (Chefe do Campus, IAAS, Rampur) por terem prestado o apoio necessário durante todo o período de estudo.

Tenho o prazer de estender os meus sinceros agradecimentos ao Conselho Nacional de Investigação Agrícola (NARC) e ao Departamento de Hidrologia e Meteorologia (DHM) por fornecerem os dados relativos à temperatura e à precipitação e ao Gabinete Central de Estatísticas (CBS) por fornecerem dados relativos à produção e à produtividade.

Gostaria de estender os meus sinceros agradecimentos aos meus colegas de departamento Subodh Raj Bhattarai, Umesh Sapkota, Sandip Subedi, Krishna Pd. Upadhaya pela sua cooperação e encorajamento durante o período de estudo. Gostaria de agradecer a Dinesh Marasini, Narayan Pd Tiwari, Nirp Raj Joshi, Sunil, Ram, Arjun, Yogendra, Bishal, Aman, Prakash, Jitendra, Sachit, Bikal, Mahesh, Anuma, Sarita, Dipa, Dipika, Sudha, Kiran Bamanu bhai e a todos os seniores e juniores que me ajudaram direta ou indiretamente durante o período de estudo.

Expresso a minha profunda gratidão ao Professor Assistente Suryamani Dhungana por ter disponibilizado o orçamento para este trabalho e agradeço especialmente ao meu irmão Mahesh Sapkota pela sua imensa ajuda na publicação deste livro. Devo e exprimo a minha sincera gratidão a todos os agricultores e inquiridos que participaram no nosso estudo e cooperaram para que o meu trabalho valesse a pena.

É com imenso prazer que exprimo a minha profunda gratidão e o meu sincero respeito à minha mãe Ambika Sapkota, ao meu pai Chhabilal Sapkota, ao meu irmão Arjun Sapkota e à minha Sarita Bhurtel pelo seu afeto, inspiração e apoio que precederam a minha carreira académica.

Umesh Sapkoota

ABREVIATURAS

CBS	Central Bureau of Statistics
DADO	District Agriculture Development Office
FAO	Food and Agricultural Organization
HH	Household
IAAS	Institute of Agriculture and Animal Science
IFPRI	International Food Policy Research Institute
INGO	International Non-Governmental Organization
LI- BIRD	Local Initiatives for Biodiversity Research and Development
MSL	Mean Sea Level
MoAD	Ministry of Agriculture and Development
NAPA	National Adaptation Plan of Action
NARC	Nepal Agriculture Research Council
NGO	Non-Governmental Organization
VDC	Village Development Committee
DFID	Department for International Development
UNFCCC	United Nations Framework Convention on Climate Change
SLC	School Leaving Certificate
DHM	Department of Hydrology and Meteorology
GDP	Gross Domestic Product
GEF	Global Environment Facility
IPCC	Intergovernmental Panel on Climate Change
WFP	World Food Program

EQUIVALENTES

Meses

Calendário nepalês	Calendário gregoriano	
Baisakh	Meados de abril	- Meados de maio
Jestha	Meados de maio	- Meados de junho
Ashad	Meados de junho	- Meados de julho
Shrawan	Meados de julho	- Meados de agosto
Bhadra	Meados de agosto	- Meados de setembro
Aswin	Meados de setembro	- Meados de outubro
Kartik	Meados de outubro	- Meados de novembro
Mangsir	Meados de novembro	- Meados de dezembro
Poush	Meados de dezembro	- Meados de janeiro
Magh	Meados de janeiro	- Meados de fevereiro
Pistola	Meados de fevereiro	- Meados de março
Chaitra	Meados de março	- Meados de abril

Área

1 Kattha = 20 Dhur

1 Bigha = 20 Kattha = 13,31 Ropani = 0,68 Hectares

1 Hectare = 30 Kattha = 19,66 Ropani

Peso

1 tonelada = 10 quintais = 1000 kg

RESUMO

Em 2015, foi efectuada uma investigação sobre a variabilidade climática e os seus impactos na produção e produtividade do arroz em Chitwan e Dhading. Nepal. No total, 120 agregados familiares, 60 de cada distrito, foram selecionados aleatoriamente para o estudo. Para a recolha de dados primários, utilizou-se um programa de entrevistas pré-testado, observação direta e discussões em grupos de discussão, tendo os dados secundários sido recolhidos junto do Gabinete Distrital de Desenvolvimento Agrícola (DADO), do Departamento de Hidrologia e Meteorologia (DHM) e do Gabinete Central de Estatística (CBS). A maior parte dos agricultores apercebeu-se da mudança do clima atual em termos de mudança do padrão de precipitação, duração, tempo, intensidade, início da monção e mudança da temperatura no verão e no inverno em termos de calor e frio. Registou-se uma mudança significativa no sistema agrícola e nas práticas agrícolas habituais. As fontes de água estavam a secar. A chuva da monção estava a diminuir e a exploração agrícola tornava-se mais seca de ano para ano. Devido à falta de precipitação atempada e de instalações de irrigação garantidas, a tendência da produtividade estava a diminuir à taxa de 0,027 tonha^{-1} em Dhading, enquanto em Chitwan estava a aumentar à taxa de 0,039 tonha^{-1} e os agricultores obtinham menos benefícios das actividades agrícolas. A análise das tendências revelou uma tendência decrescente da temperatura máxima (-0,049^{0} CYear^{-1}) e média (-0,023^{0} CYear^{-1}) com um aumento da temperatura mínima (0.001^{o} CYear^{-1}) em Chitwan (Rampur), enquanto no caso de Dhading (Dhune Besi) a temperatura máxima estava a aumentar (0,012^{0} CYear^{-1}) com uma diminuição da temperatura média (-0,012^{0} CYear^{-1}) e mínima (-0,036^{0} CYear^{-1}). Os agricultores praticavam diferentes estratégias de adaptação e de enfrentamento nas suas explorações agrícolas com base na sua experiência para fazer face às alterações climáticas, mas parece importante planear estratégias de adaptação sustentáveis e preparar os agricultores para enfrentar os impactos emergentes das alterações climáticas nos próximos tempos. A análise de regressão logística mostra que variáveis como a idade do chefe de família, a ocupação do chefe de família, o tipo de casa, a margem bruta do arroz, a dimensão da exploração agrícola, a suficiência alimentar e a dimensão da família LSU foram estatisticamente significativas para a prática de estratégias de adaptação. Houve uma relação negativa entre a idade, a agricultura como ocupação, a margem bruta do arroz e a condição de suficiência alimentar e um aumento unitário nestas variáveis diminui a taxa de adaptação às medidas de mitigação das alterações climáticas em 1,29%, 37,96%, 0,0014% e 3,8%, respetivamente. O estudo concluiu que os agricultores se aperceberam das alterações climáticas, as suas práticas agrícolas foram afectadas negativamente e necessitam imediatamente de um mecanismo de adaptação eficaz.

1 INTRODUÇÃO

1.1 Alterações climáticas, agricultura e segurança alimentar

As alterações climáticas referem-se a uma mudança no estado do clima que pode ser identificada (por exemplo, utilizando testes estatísticos) por alterações na média e/ou na variabilidade das suas propriedades e que persiste durante um período alargado, normalmente décadas ou mais (IPCC, 2007). As alterações climáticas e a agricultura são processos inter-relacionados, uma vez que ambos ocorrem à escala global. O sector agrícola é o mais vulnerável às alterações climáticas, que o afectam através da alteração da temperatura média, da precipitação, dos fenómenos climáticos extremos (por exemplo, ondas de calor), das alterações das pragas e doenças, da alteração do CO2 atmosférico e da concentração de ozono ao nível do solo (Hoffmann, 2013), o que tem um impacto grave na agricultura e nos meios de subsistência da comunidade agrícola. Para além disso, tem posto em causa a segurança alimentar e as opções globais de subsistência. Os países em desenvolvimento foram mais gravemente afectados e enfrentam grandes dificuldades de adaptação aos impactos das alterações climáticas. As alterações climáticas já estão a afetar a agricultura, com efeitos desigualmente distribuídos por todo o mundo, e as alterações futuras irão provavelmente afetar negativamente a produção agrícola nos países de baixa latitude, enquanto os efeitos nas latitudes setentrionais podem ser positivos ou negativos (Porter, Xie, Challinor, Cochrane, Howden, & Iqbal, 2014). Embora a produtividade agrícola tenha aumentado drasticamente na sequência da revolução verde, os ganhos obtidos durante a revolução verde começaram a registar retornos decrescentes nos últimos anos e, desde 2000, cerca de 852 milhões de pessoas continuam a sofrer de fome e subnutrição (FAO, 2004). A alteração das variáveis climáticas está a favorecer a baixa produtividade das culturas nos últimos anos e irá provavelmente aumentar o risco de insegurança alimentar para alguns grupos vulneráveis, como os pobres (HLPE, junho de 2012). Uma em cada cinco pessoas sofre de insegurança alimentar nos países em desenvolvimento (ONU/FAO: Nutrition- The global challenge, 1992).

A insegurança alimentar é um problema emergente nos países do terceiro mundo, como o Nepal. Para os países da Ásia, de África e da América Latina, sempre foi um desafio produzir os cereais alimentares proporcionalmente ao crescimento da população, utilizando o sistema e as técnicas de produção menos eficientes existentes. Apesar das críticas, a teoria malthusiana continua a ser verdadeira nos países menos desenvolvidos no que se refere ao crescimento da população e à produção alimentar e este desequilíbrio entre a população e a produção afecta sempre os aspectos sociais, económicos, políticos e ambientais dos países subdesenvolvidos.

1.2 Agricultura nepalesa e cultura do arroz

A agricultura é um sector importante da economia nepalesa, contribuindo para cerca de um terço do seu PIB e envolvendo cerca de dois terços da sua população. A agricultura é maioritariamente alimentada pela chuva e dominada por sistemas agrícolas de subsistência. A produção de arroz (*Oryza sativa*), que representa 52,49% do total de cereais produzidos no país (MoAD, 2013), é a cultura mais importante do Nepal (Ghimire *et al.,* 2013). O arroz é a cultura mais importante da agricultura nepalesa até à data e é o alimento de base da população do país, com um papel significativo na economia nacional. Atualmente, o arroz é cultivado em 1,496 milhões de hectares de terra do Nepal, produzindo 4,504 milhões de toneladas de arroz em bruto com uma produtividade média de 3,01 toneladas por hectare^{-1} , com uma quota de 20% do AGDP (MoAD, 2013), e contribui em quase 50% para as necessidades calóricas totais da população nepalesa (NARC 2007). A contribuição do arroz para a energia, a gordura e as proteínas da dieta per capita dos nepaleses é de 38,5%, 7,2% e 29,4%, respetivamente (FAO stat, 2004). A palha de arroz é a principal fonte de alimentação animal durante a estação seca e contribui com 32-37% do total de nutrientes digeríveis necessários (NRRD, 1997). O arroz é consumido principalmente sob a forma de Bhat, Chyura, selroti e outros. Também é mal utilizado para fazer vinho local (jaad). Ecologicamente, o arroz é uma cultura de clima tropical, mas no Nepal é cultivado a altitudes variáveis, desde os 60 metros acima do nível do mar no terai até aos 3000 metros acima do nível do mar nas colinas altas, incluindo vales e sopés (300 a 1000 metros acima do nível do mar) (NARC, 2007 e Dhital *et al*., 2007). No Nepal, cerca de 71,57% da área total de arroz está localizada no terai, onde as colinas altas e as montanhas ocupam apenas cerca de 24,81% e 3,62%, respetivamente (MOAC, 2003).

1.3 Declaração do problema

O crescimento populacional e o aumento da procura de alimentos, por um lado, e o crescimento insuficiente da produtividade agrícola, por outro, fizeram com que o Nepal passasse gradualmente de um país exportador de alimentos para um país importador de alimentos em poucas décadas (Pokhrel, 2013). As mudanças nas variáveis climáticas agravaram ainda mais as preocupações com a produção de arroz e a segurança alimentar. A temperatura máxima no Nepal aumentou 1,8°C no período de 1975 a 2006, e a precipitação tornou-se mais errática (Shrestha *et al*, 1999, Baidya *et al*., 2008). A temperatura média anual está a aumentar na bacia de Narayani, sendo a mais elevada ($0,12^0$ C) entre todas as outras grandes bacias do país (Bhandari e Ghimire, 2007).

Foram observadas alterações relacionadas com o clima nos padrões de precipitação, na temperatura, nas inundações de grande intensidade, nos deslizamentos de terras, na erosão e no aumento da sedimentação (IPCC, 2007; Shrestha, 2004; Karn, 2007). Parece haver um aumento das condições de inundação e de seca. As alterações na sazonalidade dos padrões meteorológicos tornam-se menos previsíveis, os fenómenos meteorológicos típicos de uma estação ocorrem noutra, os fenómenos extremos aumentam, as alterações no comportamento das principais culturas significam que os conhecimentos tradicionais e indígenas sobre as relações entre o clima e as plantas se tornaram menos fiáveis.

Sem dúvida, as mudanças nos factores climáticos têm impactos substanciais a nível local, uma vez que alteram o agro-ecossistema, resultando na perda de terras, gado e bens domésticos (Pant 2011). Os atrasos no início da monção e as condições de temperatura elevada, seguidos de períodos mais longos de seca, dificultam a plantação atempada de arroz e resultam num declínio significativo dos rendimentos do arroz. Dada a natureza de subsistência da economia do Nepal, um ligeiro declínio no rendimento do arroz pode ter um impacto devastador na segurança alimentar das famílias.

1.4 Justificação do estudo

Os distritos de Dhading e Chitwan são os principais produtores agrícolas do país e são os distritos de alimentação da capital. Existe consenso quanto ao impacto substancial das alterações climáticas nestes distritos, mas a compreensão a um nível mais local dos impactos exactos das alterações climáticas e da forma como as comunidades as devem adotar é ainda limitada. No Nepal, alguns agricultores começaram a adotar medidas de adaptação, como a alteração do calendário agrícola, a mudança dos padrões de cultivo e o recurso a fontes alternativas de irrigação, etc., mas a sua eficácia para superar o efeito das alterações climáticas ainda está por medir. É interessante notar que, embora as catástrofes relacionadas com o clima, como as inundações provocadas pela explosão de um lago glaciar no Nepal, tenham merecido uma atenção crescente (Dixit, 2003; Khanal, 2005; Aryal e Rajkarnikar, 2011). Pouca atenção tem sido dada a outros efeitos das alterações climáticas, por exemplo, o impacto das alterações climáticas nas culturas agrícolas. Os agricultores indígenas, as pessoas pobres, as mulheres e as comunidades marginalizadas são altamente vulneráveis aos impactes das alterações climáticas. Assim, para manter a sua agricultura e melhorar os seus meios de subsistência, é importante que as questões relacionadas com as alterações climáticas sejam abordadas como uma preocupação fundamental para o desenvolvimento. Este estudo tem como objetivo aprofundar os conhecimentos das pessoas e as suas práticas no sector agrícola sobre os cenários das alterações climáticas, bem como sensibilizar o público para as causas e o impacto das alterações climáticas, contribuindo para a criação de capacidades no sentido de estratégias de adaptação às alterações climáticas. Por conseguinte, este estudo será significativo.

1.5 Objectivos

1.5.1 Objetivo geral

► Avaliar o impacto da variabilidade climática na produção de arroz e nas medidas de adoção local a nível das explorações agrícolas na região central do Nepal.

1.5.2 Objectivos específicos

► Identificar as caraterísticas socioeconómicas que determinam a produção e a adoção do arroz

- Avaliar a perceção das alterações climáticas e do seu impacto a nível das explorações agrícolas
- Avaliar os impactos da variabilidade climática na produção de arroz e na segurança alimentar.
- Documentar as medidas locais de adaptação e de atenuação adoptadas pelos agricultores.
- Estudar a tendência da variabilidade climática e as suas consequências na produção e produtividade do arroz.

2 REVISÃO DA LITERATURA

2.1 Alterações climáticas no contexto mundial

As alterações climáticas referem-se a qualquer mudança no clima ao longo do tempo, seja devido à variabilidade natural ou como resultado da atividade humana e que pode ser identificada (por exemplo, através de testes estatísticos) por alterações na média e/ou na variabilidade das suas propriedades, e que persiste por um período alargado, tipicamente décadas ou mais (IPCC, 2007 e IPPC, 2014). As alterações são atribuídas direta ou indiretamente à atividade humana que altera a composição da atmosfera global e que se junta à variabilidade climática natural. As alterações climáticas devem-se mais a forças externas e menos a processos internos naturais, como a emissão de gases vulcânicos, alterações na circulação oceânica, flutuações na produção solar, etc.

[th]As projecções relativas a um provável aumento da temperatura média sazonal do ar à superfície e a uma alteração da precipitação sazonal média da área (em relação ao período de referência de 1961 a 1990) sugerem uma aceleração significativa do aquecimento no Sul da Ásia em relação ao observado no século XX (Ruosteenoja *et al.*, 2003; Christensen *et al.*, 2007). Além disso, prevê-se que o aquecimento seja mais forte nas terras altas dos Himalaias, incluindo o planalto tibetano e as regiões áridas da Ásia (Gao *et al.*, 2003). Os estudos projectam ainda um aumento da variabilidade inter-anual da precipitação diária na monção de verão asiática (Giorgi e Bi, 2005).

Já se registou um aumento da frequência e da intensidade dos fenómenos de precipitação em muitas partes da Ásia, em grande parte atribuído ao aumento da temperatura. Este facto provocou inundações graves, deslizamentos de terras e fluxos de lama, enquanto o número de dias de chuva e a quantidade total anual de precipitação diminuíram em algumas regiões (Lal, 2003; Min *et al.*, 2003; Gruza e Rankova, 2004; Zhai, 2004). A frequência e a intensidade das secas parecem ter aumentado, particularmente durante o verão e os meses normalmente mais secos (Gruza e Rankova, 2004; Natsagdorj *et al.*, 2005). Existe também a preocupação de que o degelo dos glaciares na região dos Himalaias aumente as inundações e afecte os recursos hídricos nas próximas duas a três décadas, o que será inevitavelmente seguido de uma diminuição dos caudais dos rios à medida que os glaciares recuam. Prevê-se também que o clima mais quente conduza a uma maior intensidade de fenómenos meteorológicos extremos, aumentando o risco de inundações repentinas em algumas partes do Nepal.

As alterações climáticas têm sido um dos desafios globais emergentes nos últimos tempos. As actividades humanas, como a utilização excessiva de combustíveis fósseis (carvão, petróleo, etc.) nas indústrias e nos transportes, provocaram um aumento da quantidade de gases com efeito de estufa. Em última análise, isto está a contribuir para o "aquecimento global". A variabilidade natural do clima é também responsável por condições sociais que estão inegavelmente relacionadas com o clima. Mas a recente alteração das condições climáticas teve um efeito adverso sobre estas. A agricultura é um dos sectores mais afectados pelas alterações climáticas (FAO, 2007b).

2.2 Alterações climáticas e o Nepal

O Nepal é um país montanhoso com uma grande diversidade geográfica e climática. O cenário geográfico do país varia entre planícies quase ao nível do mar na planície do Terai meridional (entre 152 m e 610 m acima do nível do mar) e uma grande quantidade de Himalaias cobertos de neve (entre 4877 m e 8848 m acima do nível do mar), incluindo o pico mais alto do mundo. O clima de monção é predominante no Nepal, com 80% da precipitação anual total. Devido às suas variações topográficas, o Nepal goza de uma grande variedade de climas, desde os trópicos até às regiões alpinas. Embora a contribuição do Nepal para os gases com efeito de estufa seja mínima, tem de enfrentar as consequências do aquecimento global.

2.2.1 Impactos das alterações climáticas no Nepal

2.2.1.1 Aumento da temperatura

A quota-parte do Nepal nas emissões globais de gases com efeito de estufa é insignificante. As estimativas mostram que as emissões per capita de CO 2 no país estão estimadas em 0,13 toneladas (Banco Mundial, 2004). Embora o país não emita muitos gases com efeito de estufa, tem de enfrentar as consequências do aquecimento global. Este aquecimento está a aumentar as temperaturas no céu do Nepal. Com base nas informações disponíveis, foi referido que a temperatura média no Nepal está a aumentar $0,5^{0}$ C por década (Dhakal, 2003). No entanto, o país não dispõe de um relatório exaustivo sobre o aumento da temperatura e as alterações climáticas. Pensa-se que as temperaturas no Nepal aumentaram mais do que o aumento médio global de 0,74°C nos últimos 100 anos (entre 1906 e 2005) e 0,13°C por década nos últimos 50 anos (entre 1956 e 2005) (IPCC, 2007).

2.2.1.2 Derretimento dos lagos glaciares

Os glaciares dos Himalaias são o depósito renovável de água doce que serve de fonte perene a vários rios do país. Em média, as temperaturas do ar nos Himalaias são atualmente 1°C mais elevadas do que na década de 1970, aumentando 0,06°C por ano (Shrestha *et al*, 1999). Quando esses glaciares são expostos a temperaturas mais elevadas, a taxa de fusão e de crescimento dos lagos pode ser muito rápida, levando à descarga de grandes volumes de água. Um inventário efectuado pelo Centro Internacional para o Desenvolvimento Integrado das Montanhas (ICIMOD) e pelo PNUA revelou a existência de 26 lagos glaciares potencialmente perigosos no Nepal. No passado, foram frequentemente registadas explosões de lagos glaciares em escalas mais pequenas (Dhakal, 2003).

2.2.1.3 Inundações e correntes de ar

As causas das inundações no país são frequentemente desencadeadas pelo rápido degelo da neve e do gelo nas regiões de alta montanha, incluindo chuvas torrenciais/chuvas de nuvens nas montanhas médias e no sopé das montanhas durante a estação das monções, entre junho e setembro. Nos últimos anos, alguns registos de precipitação indicaram uma tendência crescente de fenómenos pluviométricos perigosos no país, o que se deve aos potenciais impactos das alterações climáticas no país (Malla, 2007). Em julho de 1993, o Nepal sofreu a pior catástrofe natural de que há registo. Dois dias de chuvas torrenciais no centro do Nepal provocaram deslizamentos de terras desastrosos e causaram grandes inundações nos principais cursos de água e nas planícies do Terai. Foram afectadas cerca de 28.000 pessoas nas zonas montanhosas e 42.000 pessoas nas planícies. Cerca de 160 pessoas nas terras altas e mais de 1000 pessoas nas terras baixas morreram devido a inundações e deslizamentos de terras. A precipitação global durante a monção de verão do ano foi cerca de 16% inferior ao normal, o que reduziu a área de cultivo de arroz no país. Em consequência, a produção total de arroz diminuiu cerca de 13% em relação ao ano anterior e cerca de 21% abaixo da produção prevista para 2006-2007. Para além das secas, as regiões do centro e do extremo oeste sofreram inundações, granizo e doenças das culturas que causaram graves perdas de produção (ABPSD, MOAC, 2006). Todos os anos, o número de pessoas que morrem em inundações e deslizamentos de terras tem vindo a aumentar. Entre 2000 e 2005, mais de 1314 pessoas morreram devido a inundações e deslizamentos de terras em todo o país (CBS 2006).

2.3 Alterações climáticas e sistemas agrícolas

Numerosos estudos empíricos sugerem que as alterações climáticas terão um impacto maior na agricultura dos países em desenvolvimento do que nos países desenvolvidos (Stern 2006). No entanto, o grau do impacto dependerá da magnitude das alterações climáticas e de outros factores. O aumento da temperatura terá provavelmente um impacto direto nas culturas, afectando a sua fisiologia; também afectará indiretamente as culturas através de alterações no regime hídrico e do aumento da intensidade das pragas e doenças (Rosenzweig, 2000; Bale *et al.*, 2002). As culturas também poderão ser afectadas por precipitações mais intensas e outros fenómenos meteorológicos extremos que ocorrem em diferentes fases da produção.

Os estudos disponíveis apresentam estimativas diferentes do impacto do aumento da temperatura e do stress hídrico sobre a produção agrícola na Ásia. Muitos estudos mostram que o aumento do dióxido de carbono atmosférico pode estimular significativamente o crescimento, o desenvolvimento e a reprodução numa grande variedade de plantas C3, incluindo o arroz (Sage, 1995; Mandersheid e Weigel, 1997; Poorter e Navas, 2003).

As alterações climáticas resultantes do aumento dos gases com efeito de estufa têm vários efeitos específicos nos sistemas agrícolas do país. O aumento das temperaturas à superfície, a precipitação, o granizo, as correntes de ar, os deslizamentos de terras, as inundações e a erosão dos solos podem afetar vários elementos dos sistemas agrícolas, especialmente na agricultura de subsistência. Todos os anos, os deslizamentos de terras, a água e o vento provocam a erosão de uma quantidade considerável da camada superior do solo das terras agrícolas. Nas colinas, estima-se que a erosão do solo seja de cerca de 24 milhões de metros cúbicos e que o solo produtivo se esgote anualmente em cerca de 1,7 mm. As projecções utilizando o HadCM2[1] ([1] Hadley Centre Coupled Model version 2, utilizado no Segundo Relatório de Avaliação do IPCC), por outro lado, indicam uma diminuição provável da produção de até 30% no Sul da Ásia, mesmo depois de contabilizados os efeitos fisiológicos positivos diretos do CO 2 (IPCC, 2007). [st]Lal (2007), por exemplo, prevê um declínio da produção líquida de cereais de, pelo menos, 4-10% até ao final do século XXI, nos cenários mais conservadores de alterações climáticas. Sugere ainda que a queda nos rendimentos do arroz de sequeiro será significativa se o aumento da temperatura for superior a 2,5°C. Outro estudo de Murdiyarso (2000) sugere que a produção de arroz na Ásia poderá diminuir cerca de 4% até ao final do século XXI, em consequência da influência combinada do efeito da fertilização, do stress térmico e da escassez de água. Foram projectadas reduções do rendimento das colheitas de 2,5 a 10% até 2020 e de 5 a 30% até 2050 em algumas regiões da Ásia, de acordo com os cenários de emissões A1FI 3 (Parry *et al.*, 2004). Um fator importante é o aumento do stress hídrico, que já afectou negativamente a produção de arroz, milho e trigo em muitas partes da Ásia (Tao *et al.*, 2004).

É interessante o facto de estudos que utilizam diferentes abordagens de modelização sugerirem uma provável diminuição das receitas e rendimentos agrícolas no Sul da Ásia. Estudos agronómicos na Índia, por exemplo, sugerem que um aumento da temperatura de 4°C causaria uma queda de 25-40% no rendimento dos cereais (Rosenzweig e Parry, 1994). Kumar (2009), utilizando uma abordagem económica ricardiana, estima um declínio anual de cerca de 3% nas receitas líquidas a nível das explorações agrícolas na Índia (depois de ter em conta os efeitos espaciais), para um cenário que prevê uma mudança de temperatura de +2°C e uma mudança de precipitação de +7%.

Em geral, os dados disponíveis sugerem que a agricultura na maioria dos países desenvolvidos é suscetível de beneficiar de um aumento modesto da temperatura, uma vez que se espera que os efeitos da fertilização com carbono mais do que compensem os efeitos climáticos adversos. No entanto, a maioria dos países em desenvolvimento que já são quentes não beneficiaria de um maior aquecimento, embora se espere que a adaptação e a fertilização com carbono atenuem um pouco estes efeitos (Cline, 2008).

Embora as alterações climáticas sejam um fenómeno global, os seus impactos negativos são mais severamente sentidos pelas populações pobres dos países subdesenvolvidos. Embora os produtores agrícolas, especialmente os pequenos agricultores pobres, contribuam relativamente pouco para as emissões de gases com efeito de estufa, uma tecnologia agrícola e sistemas de gestão adequados são cruciais para promover e manter uma via rural com baixas emissões de carbono. A produção pecuária não será excluída do impacte das alterações climáticas. Prevê-se que cerca de 20 a 30% das espécies vegetais e animais estejam em risco de extinção se o aumento da temperatura média global exceder 1,5 a 2,5 graus Celsius (FAO, 2007). Em resultado das alterações climáticas, prevê-se que o potencial de produção de alimentos diminua devido à elevada mortalidade, à menor produtividade e à maior competição pelos recursos naturais. A nível mundial, aumentaria então o risco de fome, especialmente para as populações das comunidades rurais pobres.

Utilizando dados transversais sobre o clima, os preços das terras agrícolas e outros dados económicos e geofísicos relativos a quase 3.000 condados dos Estados Unidos, concluímos que as temperaturas mais elevadas em todas as estações, exceto no outono, reduzem os valores médios das explorações agrícolas, ao passo que a maior precipitação fora do outono aumenta os valores das explorações agrícolas. Para avaliar os impactos prováveis das alterações climáticas na agricultura, os investigadores têm utilizado habitualmente a abordagem Ricardiana transversal, a abordagem da função de produção ou a modelação agro-económica. A abordagem ricardiana tem sido amplamente utilizada para examinar o impacto das variáveis climáticas no valor das terras e nos rendimentos agrícolas (como em Mendelsohn, Nordhaus e Shaw, 1999; Darwin, 1999; Gbetibouo e Hassan, 2005; Mendelsohn e Reinsborough, 2007; Sanghi e Mendelsohn, 2008), porque os utilizadores consideram que esta abordagem inclui todas as adaptações que as pessoas fazem às alterações climáticas. No entanto, esta abordagem tem sido criticada porque corre o risco de confundir os impactos do clima com os impactos de outras caraterísticas não observadas das unidades transversais, não fornecendo informações sobre a produção agrícola e ignorando a variação dos preços e os efeitos da fertilização com carbono (Mendelsohn, 2000).

A abordagem da função de produção é também amplamente utilizada para estimar os efeitos das alterações climáticas no rendimento das culturas (por exemplo, Dixon *et al.*, 1994; Wu, 1996; Chang, 2002; Auffhammer *et al.*, 2006; Deschenes e Greenstone, 2007). Há muito tempo que é utilizada com êxito no domínio da economia agrícola para identificar variáveis importantes e o seu efeito nos rendimentos. No entanto, os críticos desta abordagem salientam que ela tende a sobrestimar os danos causados pelas alterações climáticas, ao não ter em conta as respostas compensatórias a longo prazo às alterações climáticas, como as substituições, a adaptação e as novas actividades que podem deslocar actividades obsoletas (Ierland, 2009). Não obstante esta crítica, o nosso estudo utiliza a abordagem da função de produção para estimar os impactos climáticos e prever os rendimentos futuros.

2.4 Alterações climáticas e arroz

Diferentes modelos climáticos projectam que as temperaturas globais do ar à superfície podem aumentar 4-5,8^0 C nas próximas décadas (IPCC, 2007). Os regimes de temperatura influenciam grandemente não só a duração do crescimento, mas também o padrão de crescimento e a produtividade das culturas de arroz. Temperaturas extremas, baixas ou altas, causam danos à planta do arroz (Yoshida, 1981). As temperaturas elevadas podem reduzir a taxa fotossintética em 40-60% a meio da maturação, conduzindo a uma senescência mais rápida da folha bandeira (Oh-e *et al.*, 2007) e há um declínio precoce da capacidade de armazenamento de assimilados dos grãos devido a temperaturas elevadas durante o período de maturação (Inaba e Sato, 1976). Verificou-se que as taxas de fotossíntese das folhas eram mais elevadas a temperaturas do meio-dia de 35^0 C, mas diminuíam com temperaturas de crescimento do meio-dia mais elevadas ou mais baixas, tanto a níveis baixos (350 μmol mol^{-1}) como elevados (660 μmol mol^{-1}) de CO_2 (Vu *et al.*, 1997). Do mesmo modo, o stress provocado por temperaturas elevadas pode diminuir a estabilidade térmica das membranas, perturbando assim o movimento da água, dos iões e dos solutos orgânicos através das membranas das plantas, afectando todas as outras actividades metabólicas (Christiansen, 1978).

No arroz, a polinização e o enchimento do grão são sensíveis à temperatura: as temperaturas elevadas na altura da floração inibem o inchaço dos grãos de pólen (Matsui *et al.*, 2000), enquanto as temperaturas baixas na fase de arranque impedem o crescimento do pólen (Shimazaki *et al.*, 1964). Temperaturas altas (>35^0 C) e baixas (<20^0 C) podem resultar em polinização deficiente e perda de rendimento (Hori *et al.*, 1992), pois há uma diminuição significativa do peso seco dos grãos com o aumento das temperaturas durante o período de desenvolvimento dos grãos (Tashiro e Wardlaw, 1991a). O stress térmico reduz significativamente a percentagem de anteras que se deiscam na altura da floração (Shimazaki *et al.*, 1964).

De acordo com Matsui *et al.* (2001), a produção de arroz nas áreas de cultivo existentes poderá ser completamente aniquilada se as previsões climáticas mais severas estiverem corretas. Darwin *et al.* (2005) estimaram que a quantidade de terra classificada como "classe de terra 6" (ou seja, a classe de terra primária para arroz, milho tropical, cana-de-açúcar e borracha) em áreas tropicais diminuiria entre 18,4 e 51% durante o próximo século devido ao aquecimento global. Por outro lado, é possível que os recursos de terra e água para a produção de arroz em áreas fora da região tropical aumentem com as alterações climáticas globais (Darwin *et al.*, 2005).

A cultura do arroz é simultaneamente um importante sequestrador de dióxido de carbono da atmosfera e uma importante fonte de emissão de gases com efeito de estufa (por exemplo, metano e óxido de nitrito). Quando medida em relação às emissões totais de gases com efeito de estufa de um país, a quantidade de metano emitida pelos campos de arroz varia entre apenas 0,1%, como nos EUA em

2005, e cerca de 9,8%, como na Índia em 2006 (Leip e Bocchi, 2007). No mesmo estudo, Leip e Bocchi constataram que a queima de resíduos de arroz, como palha e cascas, também contribui para a emissão de gases com efeito de estufa. Do mesmo modo, a aplicação ineficiente de fertilizantes azotados nos sistemas de produção de arroz promove a libertação de óxido nitroso, um potente gás com efeito de estufa, para a atmosfera. Nelson, *et al.*, (2009) previram que, até 2050, os preços do arroz aumentarão entre 32 e 37% em resultado das alterações climáticas. Mostram também que as perdas de rendimento do arroz poderão situar-se entre 10 e 15%.

2.5 Alterações climáticas e medidas de atenuação

Responder às alterações climáticas não significa deitar fora ou reinventar tudo o que se aprendeu sobre o desenvolvimento. Pelo contrário, exige um esforço renovado para enfrentar desafios de desenvolvimento mais vastos e bem conhecidos e colocar uma apreciação adequada dos riscos no centro da agenda do desenvolvimento (FIDA, 2014). Uma resposta coerente às alterações climáticas exige que se continue a privilegiar o desenvolvimento liderado pelo país, a gestão dos recursos naturais com base na comunidade, a igualdade de género e o empoderamento das mulheres. A principal forma de combater as alterações climáticas consiste em alargar as abordagens experimentadas e fiáveis ao desenvolvimento rural que se revelaram bem sucedidas na obtenção de benefícios de resiliência para os pequenos agricultores (FIDA, 2014). Os riscos das alterações climáticas são moldados pela interação complexa entre os sistemas naturais, sociais, económicos, culturais e políticos dinâmicos. Assim, as tentativas de desenvolver abordagens integradas que respondam a todas as potenciais consequências e mudanças dinâmicas nos sistemas humanos e naturais serão ineficazes e inadequadas (Holling e Meffe, 1996).

A cultura do arroz não só sofrerá os efeitos adversos das alterações climáticas como também contribuirá para as mesmas. Os campos de arroz submersos são uma fonte importante de metano, gás com efeito de estufa. As tecnologias de atenuação devem ter por objetivo reduzir as emissões de metano e de outros gases com efeito de estufa. A criação de cultivares tolerantes ao stress provocado por temperaturas elevadas deve ser da maior importância (Katiyar-Agarwal *et al.*, 2003). A inclusão de cultivares tolerantes no sistema de cultivo será vantajosa. A adoção de uma cultivar de maturação tardia ou precoce e a mudança da época de cultivo trarão benefícios imediatos em condições desfavoráveis de stress por temperaturas elevadas (Oh-e et al., 2007). O ajustamento das datas de sementeira é uma ferramenta simples mas poderosa para a adaptação aos efeitos do aquecimento potencial (Attri e Rathore, 2003; Baker e Allen, 1993a). Do mesmo modo, a aplicação exógena de osmoprotectores ou de compostos reguladores do crescimento das plantas nas sementes ou nas plantas inteiras pode ajudar as plantas a resistir ao stress térmico (Cao e Zho, 2008).

Osmana-Elash *et al.* (2006) documentam várias iniciativas de adaptação relativas aos actuais riscos climáticos e às alterações climáticas no Sudão, como a utilização alargada da recolha de águas pluviais, a construção de cinturas de proteção e de quebra-ventos para melhorar a resistência das pastagens, a monitorização do número de árvores cortadas para responder à seca. A adição de resíduos de culturas e de estrume aos solos aráveis melhorará a capacidade de retenção de água no solo. Modificação do microclima através do fornecimento de abrigo e sombra, como nos sistemas agro-florestais (Cannell et al., 1996), os efeitos de temperaturas extremamente elevadas podem ser reduzidos.

3 METODOLOGIA

Esta secção inclui diferentes aspectos do processo de investigação, como a seleção da área de estudo, a dimensão da amostra, as técnicas de amostragem, a fonte de informação, o método e a técnica de recolha de dados e a análise dos dados.

3.1 Seleção da área de estudo

O estudo foi efectuado nos distritos de Chitwan e Dhading, no centro do Nepal. O município de Chitrawan, em Chitwan, e o município de Nilakantha, em Dhading, foram selecionados propositadamente para o estudo, com a consulta das organizações comunitárias e distritais. Estas povoações são ocupadas por Brahmin, Chhetree, Dalit e Janajati (Tamang, Newar, Tharu, Gurung e Rai). As zonas de estudo foram selecionadas propositadamente por serem zonas de cultivo de arroz.

3.2 Dimensão da amostra, processo de amostragem e seleção do inquirido

Todos os agricultores destas duas povoações constituíram a população-alvo deste estudo. Durante a seleção dos inquiridos, apenas a idade superior a 30 anos e pelo menos 10 anos de residência nestas localidades foram incluídos na amostra, porque podem fornecer informações valiosas e úteis sobre as tendências passadas dos riscos climáticos. Foi dada uma atenção especial para tornar a amostra mais inclusiva. No total, 120 agregados familiares, sessenta de cada distrito, foram selecionados aleatoriamente para o estudo.

3.3 Métodos de recolha de dados

Foram utilizadas diferentes fontes e técnicas para a recolha das informações necessárias. Neste estudo, foram recolhidos e analisados tanto os dados primários como os secundários.

3.3.1 Fontes de informação

3.3.1.1 Fonte primária de dados

As comunidades locais e os agricultores com longa experiência na adaptação autónoma da área de estudo foram a principal fonte de informação. O programa de entrevistas pré-testado foi testado junto dos inquiridos para recolher informações primárias. Estes dados foram complementados pela informação obtida através da discussão em grupo focal, da observação direta e da caminhada por transectos. Foram utilizados métodos participativos para recolher dados, partilhar experiências e conhecimentos das comunidades afectadas relativamente às alterações climáticas.

Os dados secundários foram recolhidos de várias revistas publicadas, artigos de investigação, actas de várias ONG e ONGI, relatórios do Gabinete de Desenvolvimento Agrícola Distrital (DADO), do Comité de Desenvolvimento Distrital (DDC), do Conselho Nacional de Investigação Agrícola (NARC), do Gabinete Central de Estatística (CBS), dos líderes locais e das agências de trabalho, que foram as fontes de informação secundária.

3.3.2 Técnicas de recolha de dados

3.3.2.1 Entrevista

O questionário foi administrado ao inquirido para recolher os dados primários. Foi recolhida informação relativa a vários aspectos das alterações climáticas, tal como são percepcionados pelos agricultores. A informação relativa às caraterísticas da exploração agrícola e do agregado familiar, aos seus sentimentos e impactos percebidos em comparação com o passado, às mudanças nas práticas agrícolas e às novas estratégias de adaptação foi recolhida através de entrevistas presenciais.

3.3.2.2 Discussão em grupo

A informação obtida na entrevista foi cruzada durante a discussão do grupo de discussão.

Informações adicionais sobre várias estratégias de adaptação baseadas na comunidade, diferenças observadas no presente e no passado relativamente às práticas agrícolas foram recolhidas através de discussões em grupos de discussão.

3.3.2.3 Calendário agrícola

A partir da discussão com as comunidades agrícolas, foi preparado um calendário comparativo de culturas no período de precipitação normal antes e no período de precipitação tardia atualmente.

3.3.2.4 Linha do tempo

As ocorrências de tendências de riscos climáticos na área de investigação foram estudadas através da preparação de uma cronologia com base na recordação dos agricultores.

3.4 Conceção do inquérito e inquérito no terreno

3.4.1 Inquérito preliminar

Foram efectuadas visitas de campo antes do inquérito para recolher informações preliminares sobre as caraterísticas socioculturais, topográficas e institucionais da área de estudo.

3.4.2 Conceção do programa de entrevistas

Foi elaborado um programa de entrevistas para recolher informações primárias junto dos agricultores. Foi preparado um esquema de coordenação em harmonia com os objectivos do estudo para identificar as variáveis e facilitar a preparação do programa de entrevistas. As principais variáveis incluídas no programa de entrevistas foram as caraterísticas socioeconómicas do agregado familiar, as caraterísticas da exploração agrícola, as opções de subsistência, a perceção dos agricultores, as suas estratégias de adaptação e as tendências da produção agrícola.

3.4.3 Pré-teste do programa de entrevistas

O pré-teste do programa de entrevistas foi efectuado antes do inquérito no terreno, através da aplicação do programa de entrevistas concebido aos 8 inquiridos perto da área de estudo. O programa de entrevistas final foi elaborado tendo em devida consideração as sugestões obtidas durante o pré-teste.

3.4.4 Inquérito de campo

Após a finalização do programa de entrevistas, o calendário foi preparado para recolher informações com a ajuda de enumeradores. O inquérito no terreno foi realizado entre março e junho de 2015. Os inquiridos foram entrevistados através de visitas às suas casas. A validação da informação foi efectuada imediatamente após o preenchimento do programa de entrevistas. Durante o inquérito no terreno, foram também realizadas discussões em grupos de reflexão e debates informais.

3.5 Métodos e técnicas de análise de dados

As informações recolhidas no inquérito no terreno foram primeiro codificadas e introduzidas no computador. A introdução e a análise dos dados foram efectuadas utilizando um pacote de software informático: Statistical Package for Social Science (SPSS 16 versão), STATA 9 e Microsoft Excel. As unidades de medida locais foram corrigidas para unidades científicas. Foram utilizados métodos descritivos e analíticos para analisar os dados.

3.5.1 Processamento de dados

Os dados recolhidos de fontes primárias e secundárias foram processados para a forma desejável.

3.5.1.1 Processamento de informações primárias

A informação qualitativa do questionário do inquérito foi quantificada com o método de escalonamento adequado. Sim ou não, aumentou ou diminuiu ou não se apercebeu, foram transformados em variáveis dummy para a análise posterior.

3.5.1.2 Tratamento de dados secundários

Os dados climáticos relativos à precipitação e à temperatura numa base mensal foram recolhidos junto do Departamento de Hidrologia e Meteorologia. Os dados climáticos de Dhading foram recolhidos da estação meteorológica de Dhunibesi, enquanto os de Chitwan foram recolhidos de NMRP, Rampur.

3.5.1.2.1 Processamento de dados de temperatura

Os dados mensais de temperatura recolhidos foram processados na forma desejável da seguinte forma:

A temperatura média mensal para cada mês foi calculada como (T) = (T +T_{maxmin})/2 onde T_{max} e T_{min} representam a temperatura máxima e a temperatura mínima para um determinado mês. Da mesma forma, a temperatura máxima anual, a temperatura mínima anual e a temperatura média anual de cada ano também foram determinadas.

3.5.1.2.2 Precipitação

Os dados de precipitação mensais recolhidos para a estação foram processados para determinar a precipitação anual (R) e a precipitação sazonal para o arroz (R_s).

$R = R_1+R_2+R_3+R_4+\ldots\ldots\ldots\ldots\ldots + R_{12}$, Where, R_1, R_2, $R_3,\ldots\ldots$, R_{12} refere-se à precipitação do mês de janeiro a dezembro.

$R_s = R_6+R_7+R_8+R_9+R_{10}+R_{11}$, Where, R_6, R_7, R_8, R_9, R_{10}, R_{11} refere-se à precipitação do mês de junho a novembro.

3.5.2 Análise de dados qualitativos

As informações qualitativas obtidas durante o inquérito no terreno, como o aparecimento de novas pragas e doenças, a perda de biodiversidade, as consequências das tendências dos riscos climáticos, as necessidades sentidas pelos agricultores em termos de estratégias de adaptação, foram analisadas e expressas de forma qualitativa.

3.5.3 Análise quantitativa

Os dados quantitativos foram analisados com recurso a estatísticas descritivas e analíticas.

3.5.3.1 Análise descritiva

As caraterísticas socioeconómicas e agrícolas dos inquiridos, como a dimensão da família, a idade, o padrão profissional, a alteração da dimensão da exploração, a dimensão da exploração irrigada, a distribuição da população economicamente ativa, foram descritas utilizando estatísticas descritivas simples, como a contagem de frequências, a percentagem, o desvio-padrão médio.

Os impactos e a perceção dos agricultores sobre a alteração das variáveis climáticas ao longo do tempo e as suas estratégias de adaptação foram estudados através de estimativas de frequência, percentagem, gráficos e diagramas.

3.5.3.2 Estatísticas analíticas

As alterações na tendência da afetação da área ao longo do tempo e as alterações de produtividade obtidas a partir de fontes primárias e secundárias foram analisadas através da estimativa da tendência de cal utilizando o Microsoft Excel. Os dados climáticos foram analisados utilizando o Microsoft

Excel.

3.5.3.2.1 Análise do impacto das alterações climáticas

A análise de regressão linear logarítmica foi efectuada para estudar o efeito da precipitação e da temperatura na produtividade do arroz.

$$\text{Ln } P_t = a + b_1 \ln A_t + b_2 \ln AMxT_t + b_3 \ln AMnT_t + b_4 \ln SRF_t$$

onde,

P_t = produtividade $tonha^{-1}$ em t^{th} ano

A_t = superfície cultivada com arroz em t^{th} ano

$AMxT_t$ = média sazonal da temperatura máxima do arroz em t^{th}

$AMnT_t$ = média sazonal da temperatura mínima para o arroz t^{th}

SRF_t = precipitação sazonal para o arroz t^{th}

3.5.2.3 Modelo de regressão logit

No contexto da mudança das condições climáticas, os agricultores estão a responder através da prática de diferentes medidas de adaptação. Os agricultores estão a responder às alterações climáticas, consciente e inconscientemente, praticando diferentes estratégias de adaptação. A decisão dos agricultores de praticar diferentes estratégias de adaptação foi estimada através de uma regressão logit para determinar os vários factores que determinam a probabilidade de praticar mais estratégias de adaptação (Yi = 1). O método da máxima verosimilhança conduz a uma função de mínimos quadrados no âmbito do modelo de regressão linear e fornece valores para os parâmetros desconhecidos que maximizam a probabilidade de obter o conjunto de dados observados (Wooldridge, 2003).

Foram vários os factores que afectaram a prática de diferentes medidas de adaptação ao nível da exploração agrícola. A decisão de praticar mais medidas de adaptação pode ser influenciada por várias condições socioeconómicas, demográficas, institucionais e financeiras.

No modelo logit, suponha-se que Yi é a resposta binária dos agricultores e assume apenas dois valores possíveis; Y=1, se o agricultor praticar diferentes estratégias de adaptação mais fortes e Y=0, se praticar poucas (fracas) estratégias de adaptação. Suponhamos que x é o vetor de diversas variáveis explicativas que afectam a prática de diferentes estratégias de adaptação e β, um vetor de parâmetros de declive que mede as alterações em x sobre a probabilidade de os agricultores praticarem estratégias de adaptação mais fortes. A probabilidade de resposta binária foi definida da seguinte forma

If Y_i =1; P (Y_i =1) = P_i

If Y_i = 0; P (Y_i = 0) = 1-P_i

Onde, Pi = E (Y =1/x) representa a média condicional de Y dados certos valores de x.

A transformação logit da probabilidade de os agricultores praticarem estratégias de adaptação mais fortes foi representada da seguinte forma (Gujrati, 2003).

$$L_i = \ln\left[\frac{Pi}{1-Pi}\right] = z_i = \alpha + \sum_{i=1}^{n} \beta i \, xi + €i$$

Em que Y_i = uma variável dependente binária (1, se os agricultores adoptarem práticas de adaptação mais fortes, 0 caso contrário)

x_i = o vetor das variáveis explicativas utilizadas no modelo

β_i = parâmetros a estimar

I = termo de erro do modelo

Exp (e) = base dos logaritmos naturais

$$L_i = \text{logit and } \left[\frac{Pi}{1-Pi}\right] = \text{odd ratios.}$$

Assim, o modelo de regressão logit binário foi expresso como:

Y_i = f (β_i x_i) = f (Distrito, Educação, Ocupação, Dimensão da exploração agrícola, Tipo de casa, Margem bruta do arroz, Total de explorações agrícolas, Adaptação, Autossuficiência alimentar, Produtividade)

A descrição das variáveis utilizadas no modelo logit é apresentada no anexo 1.

4 RESULTADOS E DISCUSSÕES

4.1 Descrição da zona de estudo

4.1.1 Informações gerais sobre o distrito de Dhading

O distrito de Dhading, com Dhadingbesi como sede, cobre uma área de 1.962 quilómetros quadrados e está situado na Região de Desenvolvimento Central. O distrito estende-se de 27° 40' N a 28° 14' N de latitude e de 84° E a 85° 1' de longitude leste. A elevação varia entre 488 metros e 7409 metros acima do nível médio do mar. Tem Zona Sub-Tropical em áreas abaixo de 1000m. acima do nível médio do mar com a temperatura média anual acima de 20° C, Zona de Temperatura em altitude entre 1000-3000 msl com temperatura média anual entre 10° - 20°C e Zona Alpina em mais de 3000 m acima do msl com temperatura média inferior a 10° C. **4.1.2 Informação geral do distrito de Chitwan**

O distrito de Chitwan, com Bharatpur como sede, cobre uma área de 2.239,39 km2 e está situado na região de Desenvolvimento Central. O distrito estende-se de 27° 21' 45" a 27° 52' 30" de latitude norte e de 83° 54' 45" a 84° 48' 15" de longitude leste. O vale de Chitwan tem um clima subtropical e tropical, com um verão quente e húmido e Invernos frescos e secos (DDC, 2014). A altitude varia entre 300 e 2000 metros acima do nível médio do mar.

4.2 Caraterísticas da população e dos agregados familiares na área de estudo (2015)

4.2.1 Distribuição da população por género na área de estudo

A população total dos 120 agregados familiares incluídos na amostra era de 623 pessoas. Quanto ao género, 53,27% eram do sexo masculino e 46,23% do sexo feminino em Dhading. Do mesmo modo, 50,17% eram do sexo masculino e 49,83% do sexo feminino em Chitwan. Entre a população total, 51,85% eram do sexo masculino e 48,15% do sexo feminino. O estudo mostrou que a maioria dos agregados familiares (90,8) era chefiada por homens em todos os locais de estudo. Do mesmo modo, em média, 74,2% dos inquiridos eram homens e 25,8% eram mulheres.

Tabela: 1 Distribuição da população por género na área de estudo

	Género	Dhading		Chitwan		Total	
		F	%	F	%	F	%
Distribuição da população por género	Masculino	179	53.27	144	50.17	323	51.85
	Feminino	157	46.73	143	49.83	300	48.15
	Total	336	100	287	100	623	100
	Masculino	54	90	55	91.7	109	90.8

Chefe do agregado familiar	Feminino	6	10	5	8.3	11	9.2
	Total	60	100	60	100	120	100
	Masculino	44	73.3	45	75	89	74.2
Respondente	Feminino	16	26.7	15	25	31	25.8
	Total	60	100	60	100	120	100

Fonte: Inquérito de campo, 2015.

4.2.2 Distribuição da população economicamente ativa

A idade dos membros da família foi categorizada em três classes: menos de 15 anos, idade economicamente ativa (15-59 anos) e mais de 59 anos, conforme indicado no Quadro 2. A maioria da população (68,70%) estava em idade economicamente ativa. A percentagem de população economicamente ativa era mais elevada (74,91%) em Chitwan do que em Dhading (63,40%). Quadro: 2 Distribuição da população economicamente ativa

	Dhading		Chitwan		Total	
Grupo etário	F	%	F	%	F	%
Abaixo de 15	75	22.32	39	13.59	114	18.3
15 a 59	213	63.4	215	74.91	428	68.7
59 acima	48	14.29	33	11.5	81	13
	336	100	287	100	623	100

4.2.3 Nível de instrução da população da zona de estudo

Seis categorias, Crianças que não frequentam a escola, Analfabetos (que não sabem ler e escrever)

Alfabetizados (capazes de ler e escrever sem escola), Abaixo do SLC, SLC e Universidade (educação formal superior à 12ª classe) foram concebidos para avaliar o estatuto educativo dos membros da família dos agregados familiares incluídos na amostra. O inquérito revelou que 14,93% dos membros dos agregados familiares inquiridos eram analfabetos, 17,98% eram alfabetizados, 26,16% eram inferiores a SLC, 27,45% atingiram o nível de ensino SLC e apenas 10,75% tiveram acesso ao ensino universitário. A taxa de alfabetização (82,34%) é superior à média nacional na área da amostra. O nível de escolaridade dos membros do agregado familiar da amostra é apresentado na (Tabela: 3)

Tabela: 3 Situação educacional dos membros dos agregados familiares incluídos na amostra (2015)

Nível de educação	Dhading		Chitwan		Total	
	F	%	F	%	F	%
Analfabeto	64	19.05	29	10.10	93	14.93
Alfabetizado	47	13.99	65	22.65	112	17.98

Abaixo da SLC	86	25.60	77	26.83	163	26.16
SLC	98	29.17	73	25.44	171	27.45
Universidade	29	8.63	38	13.24	67	10.75
Crianças que não vão à escola	12	3.57	5	1.74	17	2.73
Total	336	100	287	100	623	100

4.2.4 Situação profissional dos membros dos agregados familiares incluídos na amostra (2015)

A agricultura era a principal ocupação dos membros da família economicamente activos na área de estudo. A maioria da população (40,45%) dedicava-se à agricultura, seguindo-se os estudantes (24,19%) e os serviços (12,52%) nos agregados familiares incluídos na amostra. Verificou-se que uma percentagem mais elevada da população (45,3%) dependia da agricultura nos agregados familiares incluídos na amostra do distrito de Chitwan do que no distrito de Dhading (36,31%).

Tabela: 4 Situação profissional da população dos agregados familiares amostrados na área de estudo (2015)

Ocupação	Dhading		Chitwan		Total	
	F	%	F	%	F	%
Agricultura	122	36.31	130	45.30	252	40.45
Serviços	51	15.18	27	9.41	78	12.52
Negócios	27	8.04	4	1.39	31	4.98
Salário	9	2.68	3	1.05	12	1.93
Desempregado	20	5.95	7	2.44	27	4.33
Estudante	101	30.06	112	39.02	213	34.19
Remessa	6	1.79	4	1.39	10	1.61
Total	336	100	287	100	623	100

4.2.5 Etnia do inquirido na área de estudo

A maioria dos inquiridos era Brahmin e Chhetri, seguidos de Janajati e Dalit na área de estudo. No total, 59,17% dos inquiridos eram Brahmin e Chhetri, seguidos de Janajati (39,17%). Na área de estudo de ambos os distritos, a maioria dos inquiridos era Brahmin e Chhetri. A etnia dos inquiridos é apresentada no (Quadro 5).

Tabela: 5 Etnia do inquirido na área de estudo (2015)

Casta	Dhading		Chitwan		Total	
	F	%	F	%	F	%
Brâmane/Chetri	37	61.67	34	56.67	71	59.17
Janajati	21	35	26	43.33	47	39.17

Dalit	2	3.33	0	0	2	1.66
Total	60	100	60	100	120	100

4.2.6 Tipos de casas na área de estudo (2015)

Entre os agregados familiares inquiridos, a maioria (50%) da população residia numa casa com telhado de CGI. Em Chitwan, 61,67% das casas tinham telhados de CGI, seguidos de telhados de betão (38,33%) e não havia casas com ardósia e telhas como materiais de cobertura. No distrito de Dhading, a maioria das pessoas (90%) vivia em casas cobertas com telhas locais/ardósia (51,67%) e chapa de CGI (38,33%) e as casas de betão eram apenas 6,67%.

Tabela: 6 Tipos de casas na área de estudo (2015)

Tipo de casa	Dhading		Chitwan		Total	
	F	%	F	%	F	%
Telhado/ Bambu	2	3.33	0	0	2	1.67
Ardósia/ Azulejo local	31	51.67	0	0	31	25.83
Folha CGI	23	38.33	37	61.67	60	50.00
Betão /RCC	4	6.67	23	38.33	27	22.50
Total	60	100.00	60	100	120	100.00

4.3 Superfície média cultivada com arroz, produção, produtividade e LSU médio na zona de estudo

O estudo revelou que a área média cultivada com arroz era de 0,39ha em Dhading e 0,40ha em Chitwan e que a produtividade era de 4,65 $tonha^{-1}$ e 4,70 $tonha^{-1}$, respetivamente. A produtividade era quase igual em ambas as zonas, mas as explorações pecuárias eram mais elevadas em Dhading (5,26) do que em Chitwan (2,90).

Tabela: 7 Área cultivada com arroz, produção, produtividade e LSU médio na área de estudo (2015)

Distrito		Área (ha)	Produção (tonelada)	Produtividade (ton/ha)	LSU
Dhading	Média	0.3938 (0.46)	1.8298	4.6465211	5.26
	Erro padrão da média	0.04231	0.14757	3.4878279	0.46
Chitwan	Média	0.4033 (0.38)	1.8953	4.6994793	2.90
	Erro padrão da média	0.03568	0.14979	4.1981502	0.28
Total	Média	0.3985 (0.42)	1.8626	4.6740276	4.08
	Erro padrão da	0.02756	0.10474	3.8004354	0.29

média

Nota: O valor entre parêntesis representa a média das propriedades fundiárias de cada família.

4.4 Perceção do agricultor sobre as alterações climáticas

4.4.1 Conhecimentos dos agricultores sobre as alterações climáticas

O estudo revelou que a maioria (81,88%) dos agricultores tem conhecimentos sobre as alterações climáticas. 88,88% dos agricultores de Dhading e 75% dos agricultores de Chitwan têm conhecimentos sobre as alterações climáticas. Os pormenores da perceção dos agricultores sobre as alterações climáticas são apresentados na figura 1.

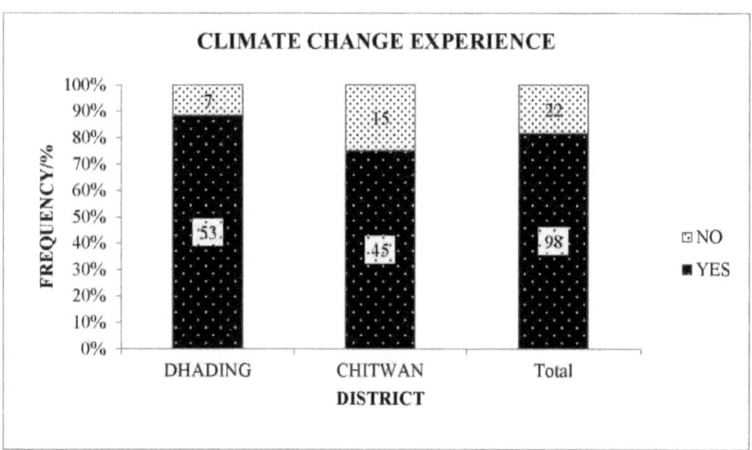

Figura 1: Perceção dos agricultores sobre as alterações climáticas

4.4.2 Perceção dos agricultores sobre a mudança do sistema agrícola ao longo do tempo na zona do inquérito

Do total de agregados familiares que sofreram alterações climáticas, 86,73% mudaram a época de plantação, 43,87% mudaram o tipo de cultura, 55,1% mudaram as variedades de cultura, 12,24% mudaram o tipo de utilização da terra e 51,02% sentiram necessidade de irrigação.

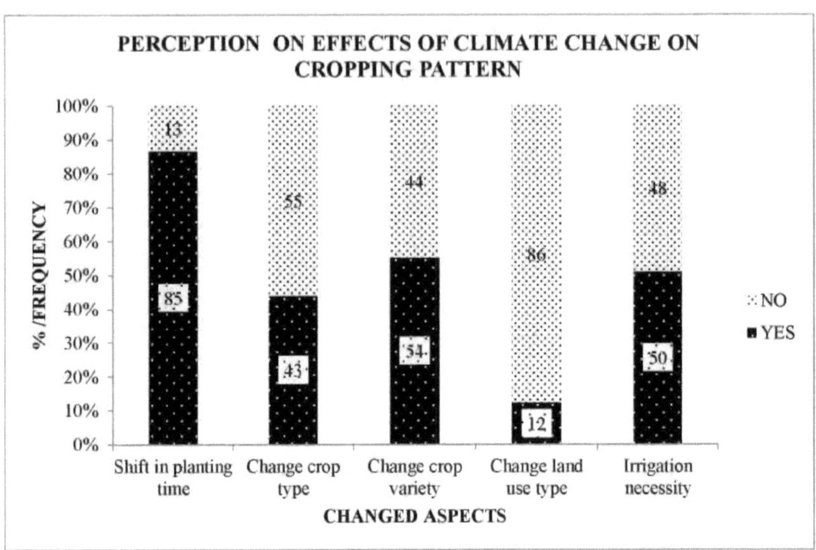

Figura 2: Perceção dos agricultores sobre a mudança no sistema agrícola

4.4.3 Perceção dos agricultores sobre o impacto das alterações climáticas nos recursos naturais na zona de estudo

Entre os inquiridos de dois distritos que sofreram alterações climáticas, 72,45% consideraram que os recursos hídricos estão a diminuir, enquanto 70,41% encontraram uma tendência semelhante no caso das florestas, 57,14% dos inquiridos registaram uma diminuição da diversidade e 69,39% encontraram uma deterioração da qualidade do solo.

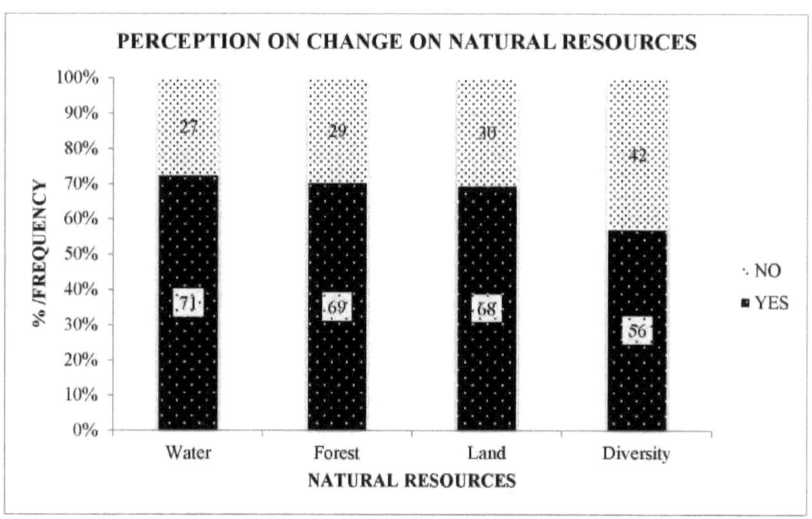

Figure 3: Perceção dos agricultores sobre os recursos naturais num clima em mudança

4.4. 4Percepção dos agricultores sobre o padrão de precipitação na área de estudo

A maioria (80,83%) dos inquiridos registou um atraso no início da monção na zona de estudo. Em termos distritais, 73,33% dos inquiridos registaram atrasos na precipitação em Dhading e 66,67% em Chitwan. Do mesmo modo, no caso das chuvas de inverno, a maioria dos inquiridos (54,17%) registou um padrão irregular de chuvas de inverno. Mas os números eram contrastantes em dois distritos. Em Chitwan, a maioria (51,67%) registou mais chuvas de inverno, enquanto em Dhading a maioria (71,67%) registou chuvas de inverno irregulares. O resultado contrastante entre os dois distritos pode dever-se às suas diferenças geográficas e às diferenças de latitudes. Os agricultores registaram uma diminuição da duração da precipitação. Isto significa que os dias com elevada intensidade de precipitação estavam a aumentar juntamente com um período mais longo de seca. Os pormenores do padrão de precipitação na área de estudo são apresentados nas figuras 4 e 5.

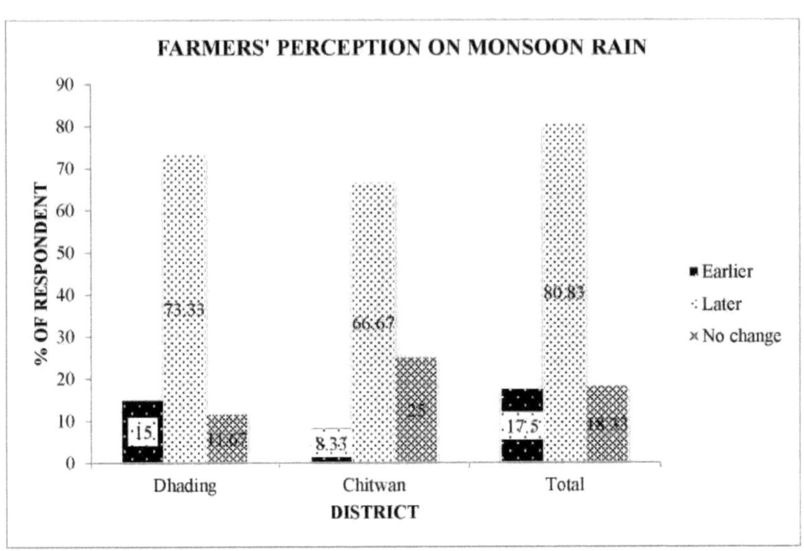

Figure 4: Perceção dos agricultores sobre a chuva da monção

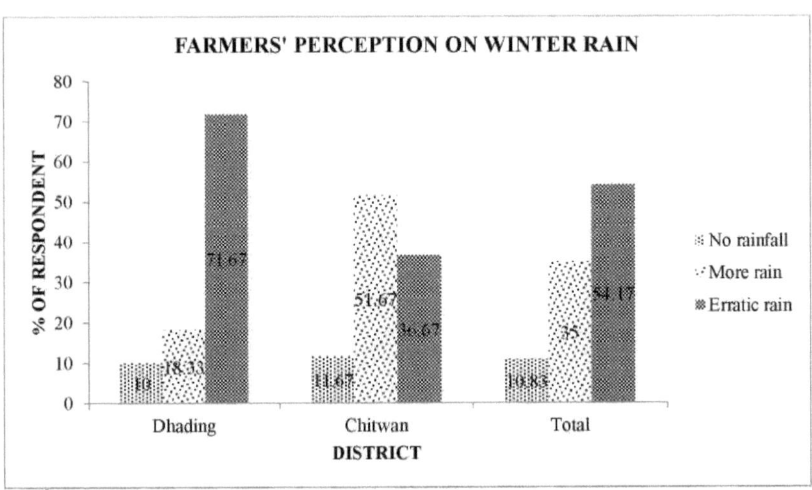

Figure 5: Perceção dos agricultores sobre as chuvas de inverno

5.4.5 Perceção dos agricultores sobre a temperatura no verão e no inverno na zona de estudo

90% dos inquiridos sentiram um aumento da temperatura no verão, enquanto a maioria (50,83) sentiu uma diminuição da temperatura no inverno. Tanto o calor como o frio foram percepcionados como estando a aumentar. Os pormenores são apresentados no Quadro 8.

Tabela: 8 Perceção dos agricultores sobre a temperatura no verão e no inverno

	Perceção	Dhading	Chitwan	Total	
		F	F	F	%
Alteração da temperatura no verão	Aumento	48	60	108	90
	Diminuído	11	0	11	9.17
	Sem alterações	1	0	1	0.83
Alteração da temperatura no inverno	Aumento	22	29	51	42.5
	Diminuído	31	30	61	50.83
	Sem alterações	7	0	7	5.83

5.4.6 Perceção dos agricultores sobre a produção de arroz na zona do inquérito

Há uma tendência para o aumento da produção de arroz na área inquirida. A maioria (62,24%) dos agricultores afirmou que a produção de arroz está a aumentar. O aumento da produção deve-se mais à variedade

alterações climáticas, aplicação de estrumes e fertilizantes e outros aspectos que não os devidos às alterações climáticas.

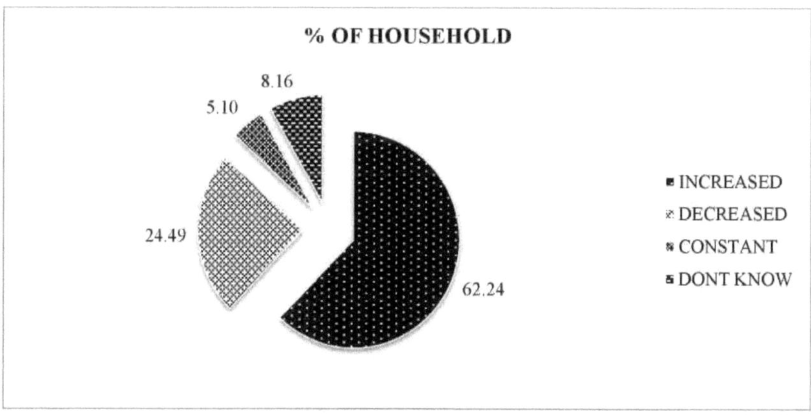

Figure 6: Produção de arroz num clima em mudança

4.4. 7Condição de autossuficiência alimentar na área do inquérito

A segurança alimentar é um fator importante para determinar a situação dos meios de subsistência. A suficiência alimentar significa aqui a disponibilidade e o acesso a alimentos para satisfazer as necessidades dietéticas dos membros do agregado familiar através da sua própria produção. O critério de suficiência alimentar foi classificado da seguinte forma para estudar a condição de suficiência alimentar nos distritos de Dhading e Chitwan. 26,67% da população da área de estudo tinha insuficiência alimentar. No distrito de Dhading, 33,33% eram insuficientes em termos alimentares e 20% das pessoas eram insuficientes em termos alimentares em Chitwan. No total, 71,66% da população da área de estudo tinha segurança alimentar.

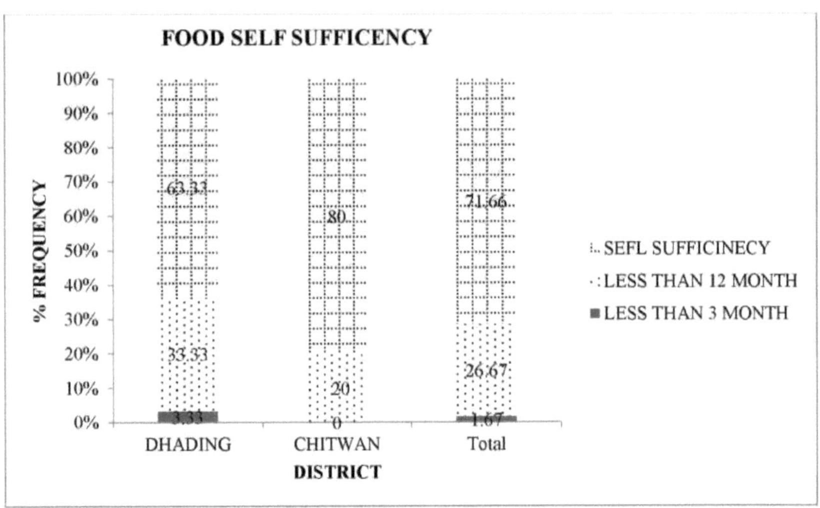

Figure 7: Estado de autossuficiência alimentar na área do inquérito

4.4.8 Rotação de culturas adoptada pelos agricultores

Foram encontrados vários padrões de cultivo na área de estudo. Os agricultores referiram padrões de cultivo ligeiramente diferentes dos registados no passado em Chitwan. Quase todos os agricultores plantaram arroz e trigo. Anteriormente, o arroz de primavera era popular entre os agricultores de Chitwan. Os agricultores dão prioridade à cultura do arroz em qualquer situação, se houver precipitação atempada. Os agricultores que criam poços tubulares para irrigação não alteram o seu padrão de cultivo; em vez disso, cultivam diferentes tipos de legumes e frutas sazonais e não sazonais. Em Dhading, plantava-se arroz duplo no passado, mas atualmente a área cultivada com arroz de primavera diminuiu devido à indisponibilidade de água suficiente. Atualmente, em vez de arroz de primavera, estão a ser plantados legumes e milho.

Quadro: 9 Principais padrões de cultivo seguidos pelos agricultores dos distritos de Dhading e Chitwan

Sistema de cultivo recente:	
Dhading	Chitwan
Arroz-trigo-milho	Arroz-trigo-milho

Arroz-Lentilha-Milho	Arroz-trigo
Arroz-Mostarda-Milho	Arroz-legumes
Arroz-trigo-legumes	Arroz-trigo-sarraceno-milho
Arroz-legumes	Milho-trigo-legumes
Milho/Milho-mostarda	Milho-Vegetais
Sistema de cultivo há 10 anos	
Dhading	Chitwan
Arroz-trigo-milho	Arroz-trigo-milho
Arroz-Lentil-Rice	Arroz com mostarda - Arroz
Arroz-Mostarda-Rice	Arroz-legumes
Arroz-Vegetais-Vegetais	Arroz-trigo-sarraceno-milho
Arroz-Vegetais-Milho	Milho-trigo-legumes
Milho/Milho-mostarda	Arroz- lentilhas- Arroz
Milho+leguminosas-Vegetais	Arroz-Mostarda-Milho

4.4.9 Calendário de culturas

O início da precipitação atempada é o principal fator para melhorar a produção agrícola.

As alterações do regime pluviométrico afectam negativamente o calendário normal de cultivo dos agricultores. O atraso no início da monção alterou o calendário de cultivo do arroz em quase um mês e meio. Os agricultores esperaram pelo início da monção para semear, mas, devido à falta de precipitação atempada, foram obrigados a alterar o seu calendário habitual de colheitas. Os agricultores recordaram a transplantação tardia do arroz da estação principal em 2007 e 2009 devido ao início tardio da monção. Os agricultores relataram que não puderam transplantar a sua cultura de arroz no dia cerimonial da transplantação do arroz (15th Ashad) e foram obrigados a transplantar as suas culturas até à primeira semana de Bhadra (3rd semana de agosto). O início tardio da monção resultou na transplantação de plântulas de idade avançada com fraco crescimento da cultura e resultou numa colheita fraca. A ocorrência de períodos de seca foi responsável pela redução da humidade do solo e pelo atraso no crescimento das plantas.

4.4.10 Medidas de adaptação utilizadas pelos agricultores nos distritos de Dhading e Chitwan

Os agricultores da área de estudo praticaram diferentes estratégias de adaptação para minimizar os impactos das alterações climáticas nas suas explorações agrícolas, com base na sua própria experiência e ajustando as suas práticas agrícolas. Os agricultores utilizaram espécies de ervas daninhas para preparar composto e materiais de cobertura vegetal e utilizaram túneis de plástico para o cultivo de vegetais no período de inverno. A fim de aumentar a produção agrícola, aplicaram mais fertilizantes químicos e pesticidas nos seus campos de cultivo, juntamente com a utilização de variedades de culturas híbridas. Algumas medidas de adaptação utilizadas pelos agricultores para fazer face aos impactos das alterações climáticas no arroz são a utilização de mais estrume e fertilizantes, a mudança de variedade, a alteração da época de sementeira, a diversificação das culturas, a gestão da irrigação e a utilização de variedades de arroz de curta duração.

4.5 Análise das tendências

4.5.1 Análise das tendências de temperatura nos últimos vinte anos em Dhading e Chitwan

Para analisar a tendência da temperatura máxima, da temperatura mínima e da temperatura média, os dados sobre a temperatura dos últimos 20 anos foram retirados da Estação Meteorológica de Rampur, NMRP para Chitwan e da Estação Meteorológica de Dhune Besi para Dhading.

A tendência da temperatura em Chitwan mostrou que há uma diminuição da temperatura máxima de $0,049^0$ $CYear^{-1}$ e uma diminuição de $0,023^0$ $CYear^{-1}$ para a temperatura média. A temperatura mínima durante este período registou um aumento de 0,001° C por ano. Estes valores sugerem um verão menos quente seguido de um inverno menos frio. A análise das tendências contrasta com a perceção dos agricultores de que o verão é mais quente do que no passado. A perceção do agricultor pode dever-se a conhecimentos e memórias imperfeitos sobre acontecimentos climáticos passados.

A variação da temperatura máxima, mínima e média é observada no caso da estação de Dhune Besi. A linha de tendência mostra que a temperatura máxima está a aumentar em $0,012^0$ $CYear^{-1}$, enquanto a temperatura mínima e a média estão a diminuir em $0,036^0$ $CYear^{-1}$ e $0,012^0$ $CYear^{-1}$, respetivamente. Em Dhading, o verão é mais quente e o inverno é mais frio, resultado semelhante à perceção dos agricultores.

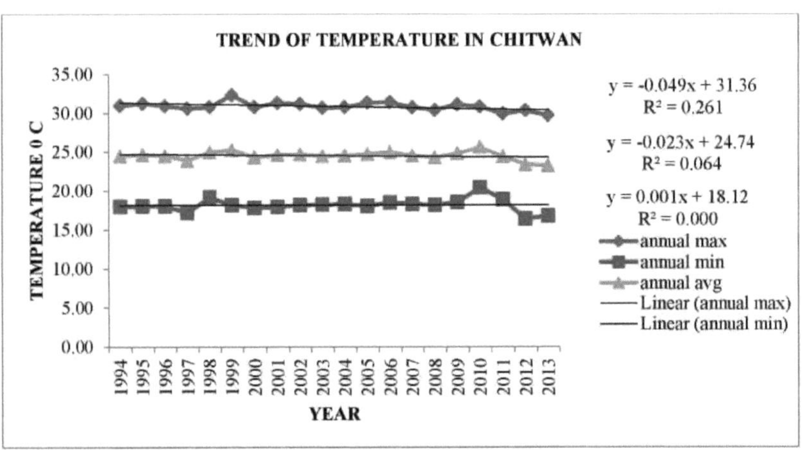

Figura 8: Tendência da temperatura em Rampur Chitwan

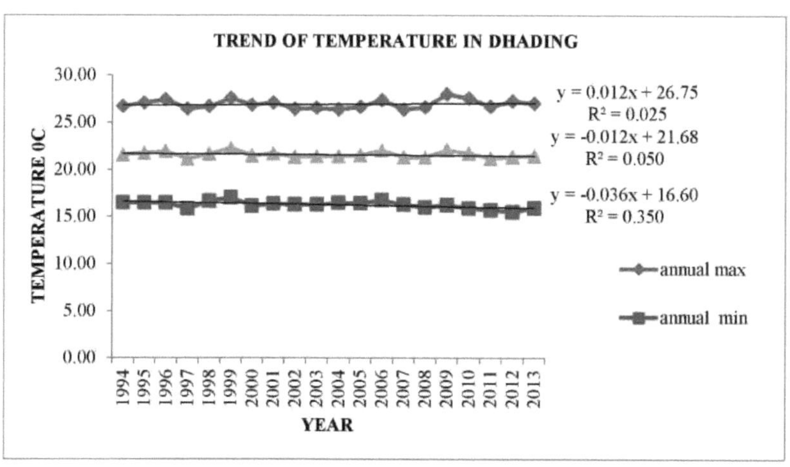

Figura 9: Tendência da temperatura em Dhading

4.5. 2Análise de tendências da precipitação e da produtividade do arroz nos últimos treze anos em Dhading e Chitwan

A análise dos dados de precipitação dos últimos 13 anos da estação de Rampur mostrou um padrão irregular de precipitação ao longo dos anos. A precipitação anual, a precipitação pré-monção (março-maio), a precipitação monção (junho-setembro), a precipitação pós-monção (outubro-novembro) e a precipitação de inverno (dezembro-fevereiro) variaram ao longo do horizonte temporal.

A análise das tendências revelou que a precipitação anual diminuiu significativamente ao longo dos anos; registou-se uma diminuição anual de 70,05 mm da precipitação em Chitwan. A precipitação sazonal também diminuiu em Chitwan em 65,96 mm por ano. Em contraste com a diminuição da pluviosidade, a produtividade do arroz está a aumentar à taxa de 0,039 tonha^{-1} por ano, verificando-se uma correlação negativa não significativa (-0,058^{ns}) entre a produtividade do arroz e a pluviosidade da estação de crescimento. O aumento da produtividade do arroz num padrão de precipitação sazonal decrescente pode dever-se à distribuição uniforme da precipitação durante o período crítico de crescimento do arroz e a outros factores como a utilização de híbridos e sementes melhoradas, a gestão de fertilizantes e a gestão da irrigação através de poços tubulares.

A análise dos dados de precipitação dos últimos 13 anos da estação de Dhune besi mostrou um padrão irregular de precipitação ao longo dos anos. A precipitação anual está a diminuir 6,5 mm por ano. A precipitação sazonal também está a diminuir em Dhading em 10,36 mm por ano e a produtividade do arroz também está a diminuir em 0,027 tonha^{-1} por ano. A análise da produtividade do arroz mostrou uma tendência decrescente ao longo de 13 anos e registou-se uma correlação positiva significativa (r = 0,638** a P<0,05) entre a produtividade do arroz e a precipitação da estação de crescimento. A diminuição da produtividade do arroz pode ser atribuída à diminuição da precipitação sazonal, ao padrão irregular da precipitação, ao stress hídrico durante o período crítico de crescimento do arroz, ao atraso na plantação, etc.

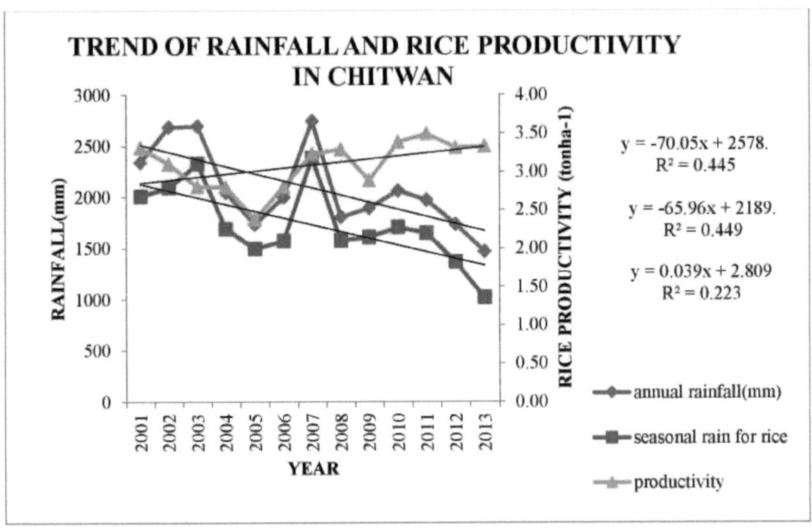

Figure 10: Tendência da precipitação e da produtividade do arroz em Chitwan

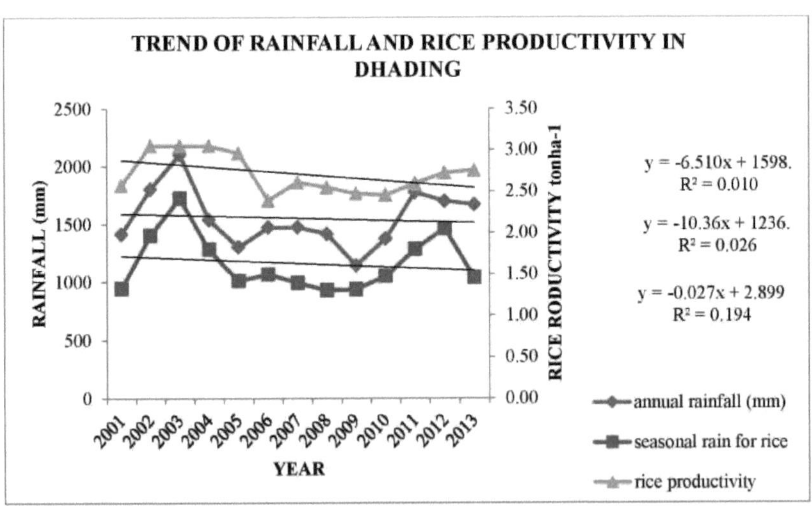

Figure 11: Tendência da precipitação e da produtividade do arroz em Dhading

4.6 Regressão linear logarítmica da produtividade do arroz face à variabilidade climática em Dhading e Chitwan

Os vários factores de previsão utilizados para determinar o impacto da variabilidade climática na produtividade do arroz foram a temperatura máxima sazonal, a temperatura mínima sazonal, a precipitação sazonal e a área cultivada com arroz.

Em Dhading, a temperatura máxima sazonal tem um efeito altamente significativo (a $p<0,001$) na produtividade do arroz. O efeito tem uma direção negativa. O efeito da temperatura mínima sazonal e da precipitação sazonal é positivo, mas o efeito não é significativo. A área também tem um efeito significativo moderado.

Em Chitwan, a temperatura máxima sazonal mostrou um efeito significativo ($p<0,1$) na produção de arroz. O efeito é negativo. Não existe um efeito significativo da temperatura mínima sazonal, mas esta também tem um impacto negativo na produtividade do arroz e, apesar do efeito positivo, a precipitação sazonal não tem uma contribuição significativa para a produtividade do arroz. (Quadro nos apêndices 7 e 8).

4.7 Análise de regressão logit

A análise de regressão logística mostra que as variáveis idade do chefe do agregado familiar, ocupação do chefe do agregado familiar, tipo de casa, margem bruta do arroz, dimensão da exploração agrícola e dimensão da família LSU foram estatisticamente significativas para a prática de estratégias de adaptação.

A idade do chefe de família e a ocupação foram negativas, mas estatisticamente significativas a $P> 0,05$ para a prática de estratégias de mitigação. Um aumento de uma unidade na idade reduz a probabilidade de adaptação da medida de mitigação em 1,29%. Do mesmo modo, o exercício de uma atividade profissional que não a agricultura aumenta a probabilidade de adaptação da medida de mitigação em 37,96%. O tipo de casa também foi considerado significativo ($P>0,05$) em termos positivos para a adaptação. Isto indica que a população que vive numa casa de betão é positiva na utilização de medidas de adaptação. A margem bruta anual da produção de arroz foi significativa ($P>0,05$), e foi negativamente significativa para as medidas de adaptação. As famílias com condições alimentares suficientes mostraram-se relutantes em adaptar as medidas de mitigação. O aumento de uma família com condições alimentares suficientes reduz a hipótese de adaptação em 3,8%. Para além disso, a LSU do agregado familiar também foi significativa ($P<0,1$) para a adaptação das medidas de mitigação.

Outros factores como a educação, a dimensão da exploração agrícola e os membros economicamente activos (EA) são positivos mas não significativos para a adaptação. (Quadro nos Apêndices 1 e 2).

5 RESUMO E CONCLUSÕES

5.1 Resumo

As alterações climáticas e a agricultura são processos inter-relacionados, uma vez que ambos ocorrem à escala global. O sector agrícola é o mais vulnerável às alterações climáticas, que o afectam através da alteração da temperatura média, da precipitação, dos fenómenos climáticos extremos (por exemplo, ondas de calor), das alterações das pragas e doenças, da alteração do CO2 atmosférico e da concentração de ozono ao nível do solo. Estas alterações têm tido um impacto grave na agricultura e nos meios de subsistência da comunidade agrícola. Além disso, pôs em causa a segurança alimentar e as opções globais de subsistência dos países em desenvolvimento como o Nepal. Os países em desenvolvimento foram mais gravemente afectados e enfrentam grandes dificuldades de adaptação aos impactos das alterações climáticas.

O estudo foi efectuado com o objetivo de estudar o impacto da variabilidade climática na produção e produtividade do arroz em Chitraban, no distrito de Chitwan, e em Nilakantha, no distrito de Dhading, no centro do Nepal. Sessenta agregados familiares de cada distrito foram selecionados aleatoriamente para o estudo. Os dados primários foram recolhidos através de um programa de entrevistas pré-testado, de discussões em grupos de reflexão, de observação direta e de caminhadas por transectos. Para a análise dos dados, foram utilizadas estatísticas descritivas, juntamente com a análise de tendências e o modelo de regressão logit.

A população do estudo era dominada pela comunidade brâmane e chhetree (59,17%) e janajati (39,17%), sendo a agricultura (40,45%) a principal ocupação. Atualmente, os agricultores da zona de estudo têm vindo gradualmente a optar por outras opções de subsistência, como o comércio, o trabalho assalariado e outras actividades não agrícolas, para além da agricultura.

A maioria dos agricultores (90,0%) apercebeu-se de alterações na variabilidade climática. Os agricultores registaram um atraso no início da monção (80,0%) e chuvas erráticas no inverno (54,17%). Devido ao início tardio da monção, o calendário de cultivo do arroz e de outras culturas foi seriamente afetado. A transplantação do arroz foi atrasada até 1 mês e 3 semanas mais tarde do que a época normal de transplantação. A produtividade média do arroz entre os agregados familiares inquiridos de Chitwan e Dhading foi de 4,69 e 4,64 $tonha^{-1}$, respetivamente, com um erro padrão da média de 3,49 e 4,20 $tonha^{-1}$ nos respectivos distritos. A propriedade média da terra era de 0,46 e 0,42 ha em Dhading e Chitwan, respetivamente.

Do mesmo modo, a maioria dos agricultores (90%) sentiu um aumento da temperatura no verão (sentiu um aumento do calor), ao passo que a temperatura no inverno parece ter diminuído (50,83%). 67,35% dos agricultores sentiram impactos negativos nos recursos naturais, como a água, as florestas, a terra e a diversidade. Devido à secagem das fontes de água, os agricultores mudaram a sequência de culturas arroz-inverno - arroz para arroz-vegetais-vegetais e outros tipos (ou seja, diminuíram a área cultivada com arroz de primavera). 82,65% dos agricultores registaram um aumento da população de pragas e o aparecimento de novas pragas. Os agricultores atribuíram todas estas consequências às alterações climáticas registadas ao longo do tempo.

A análise das tendências (últimos 13 anos) da precipitação anual, da precipitação sazonal para o arroz e da produtividade do arroz mostra uma tendência decrescente em Dhading, enquanto no caso de Chitwan a produtividade está a aumentar, apesar da diminuição da precipitação anual e sazonal. A produtividade do arroz estava a diminuir à taxa de 0,027 $tonha^{-1}$ em Dhading, enquanto em Chitwan estava a aumentar à taxa de 0,039 $tonha^{-1}$. A análise de correlação entre a pluviosidade sazonal do arroz e a produtividade do arroz revelou uma correlação positiva significativa ($r = 0{,}638^{**}$ a $P<0{,}05$) no caso de Dhading, enquanto no caso de Chitwan existe uma correlação negativa ($-0{,}058^{ns}$ a $P<0{,}851$) entre a produtividade do arroz e a pluviosidade sazonal do arroz, mas o efeito não é significativo.

A análise das temperaturas máxima, mínima e média (últimos 20 anos) das estações de Rampur e Dhune Besi revelou uma tendência decrescente da temperatura máxima ($-0{,}049^0$ $CYear^{-1}$) e da temperatura média ($-0{,}023^0$ $CYear^{-1}$) com um aumento da temperatura mínima (0.001^o $CYear^{-1}$) em Chitwan (Rampur), enquanto no caso de Dhading (Dhune Besi) a temperatura máxima estava a aumentar ($0{,}012^0$ $CYear^{-1}$) com uma diminuição da temperatura média ($-0{,}012^0$ $CYear^{-1}$) e mínima ($-0{,}036^0$ $CYear^{-1}$).

Os agricultores da área de estudo praticaram diferentes estratégias de adaptação para responder aos impactos das alterações climáticas na agricultura e especialmente no arroz. Os agricultores constroem poços tubulares e bombeiam água para fins de irrigação, utilizam ervas daninhas e resíduos, usam variedades de culturas de alto rendimento, alteram o tempo de plantação e aumentam o uso de produtos químicos no campo. A análise de regressão logística mostra que variáveis como a idade do chefe de família, a ocupação do chefe de família, o tipo de casa, a margem bruta do arroz, a dimensão da exploração agrícola e a dimensão da família LSU foram estatisticamente significativas para a prática de estratégias de adaptação.

5.2 Conclusão

A maior parte dos agricultores apercebeu-se da alteração do clima atual em termos de alteração do padrão de precipitação, da duração, do momento, da intensidade, do início da monção e da alteração da temperatura no verão e no inverno em termos de calor e frio. Registou-se uma mudança significativa no sistema agrícola e nas práticas agrícolas habituais. As fontes de água estavam a secar. A chuva da monção estava a diminuir e a exploração agrícola tornava-se mais seca de ano para ano.

Devido à falta de precipitação atempada e de instalações de irrigação garantidas, a tendência da produtividade estava a diminuir e os agricultores obtinham menos benefícios das actividades agrícolas. Por conseguinte, é necessário prever instalações de irrigação, quer a partir de rios quer de fontes subterrâneas, e melhorar o sistema agrícola para aumentar a produção. Os agricultores devem estar conscientes das alterações climáticas para os incentivar a praticar pacotes agrícolas melhorados. Os agricultores praticam diferentes estratégias de adaptação e de enfrentamento nas suas explorações agrícolas, com base na sua experiência, para fazer face às alterações climáticas, mas parece importante planear estratégias de adaptação sustentáveis e preparar os agricultores para enfrentar os impactos emergentes das alterações climáticas nos próximos tempos. Os agricultores deveriam promover práticas de adaptação locais e autóctones, recorrendo a competências e recursos locais.

LITERATURA CITADA

Aryal, RS e Rajkarnikar, G (eds). 2011. Water Resources of Nepal in Context of Climate Change [Recursos hídricos do Nepal no contexto das alterações climáticas]. Secretariado da Comissão da Água e da Energia (WECS). Governo do Nepal.

Attri, S. D. e L. S. Rathore. 2003. Simulação do impacto das alterações climáticas projectadas no trigo na Índia. Int. J. Clim. 23, 693-705.

Auffhammer, M., V. Ramanathan, JR. Vincent. (2006) O modelo integrado mostra que as nuvens castanhas atmosféricas e os gases com efeito de estufa reduziram as colheitas de arroz na Índia. PNAS 103 (52): 19668-19672

Bahndari, D. e R. Ghimire. 2007. Impacto e desafios das alterações climáticas no Nepal. Relatório do seminário. Apresentado em Narayangarh. 20 de junho de 2007.

Baidya, S.K., M.L. Shrestha, M.M. Sheikh. 2008. Trends in daily climatic extremes of temperature and precipitation in Nepal (Tendências nos extremos climáticos diários de temperatura e precipitação no Nepal). Journal of Hydrology and Meteorology 5(1), SOHAM Nepal, Kathmandu, pp. 38-53

Baker, J. T., e L. H. Jr. Allen. 1993a. Efeitos do CO2 e da temperatura no arroz: Um resumo de cinco épocas de cultivo. J. Agri. Meterol. 48, 575-582.

Bale, J.S., G.J. Masters. et al. 2002 Herbivory in global climate change research: direct effects of rising temperature on insect herbivores. Global Change Biology 8(1): 116.

Cannell, M. G. R., M. van Noordwijk e C. K. Ong. 1996. A hipótese central da agroflorestação: As árvores devem adquirir recursos que a cultura não adquiriria de outra forma. Agroforestry System. 34, 27-31

Cao, Y. Y., e H. Zhao. 2008. Papéis protectores da brassinolida em plântulas de arroz sob stress de alta temperatura. Rice Sci. 15, 63-68.

Christensen, J.L, B. Hewitson, A. Busuioc, A. Chen, X. Gao, I. Held, R. Jones e R.K. Kolli. 2007. Regional climate projections, em S. Solomon, D. Qin, M. Manning, Z. Chen, K. Averyt, M. Marquis, K.B.M. Tignor e H.L. Miller (eds.), Climate Change 2007: The Scientific Basis. Contribuição do Grupo de Trabalho I para o Quarto Relatório de Avaliação do Painel Intergovernamental sobre as Alterações Climáticas, Cambridge: Cambridge University Press, pp. 847-940.

Christiansen, M. N. 1978. A fisiologia da tolerância das plantas a temperaturas extremas. Em "Crop Tolerance to Suboptimal land Conditions" (G. A. Jung, Ed.), pp. 173-191. Sociedade Americana de Agronomia, Madison, WI.

Cline, W.R. 2007. Global Warming and Agriculture: Impact Estimates by Country [Estimativas de Impacto por País]. Washington: Centro para o Desenvolvimento Global e Peterson Institute for Economia internacional.

Darwin, R. 1999. O impacto do aquecimento global na agricultura: uma análise ricardiana: comentário. The American Economic Review 89(4): 1049-1052.

Darwin, R., M. Tsigas, J. Lewandrowski e A. Raneses. 2005. World agriculture and climatechange: economic adaptation (Agricultura mundial e alterações climáticas: adaptação económica). Relatório Económico Agrícola do USDA n.º 703. 86 pp.

Deschenes, O. e M. Greenstone. 2007. The economic impacts of climate change: evidence from agricultural output and random fluctuations in weather. American Economic Review 97: 354-385.

Dixit, A. 2003. Floods and Vulnerability: Need to Rethink Flood Management. Em Mirza, MM; A. Dixit, A. Nishat. (eds) Flood Problem and Management in South Asia, reimpresso de Natural Hazard 28 (1):155-179. Dordrecht/Boston/ Londres: Kluwer Academic Publishers.

Gao, X.J., D.L. Li, Z.C. Zhao e F. Giorgi. 2003. Climate change due to greenhouse effects in Qinghai-Xizang Plateau and along Qianghai-Tibet Railway. Plateau Meteorology 22:458-463 (Em chinês com resumo em inglês).

Gbetibouo, G.A. e R.M. Hassan. 2005. Economic impact of climate change on major South African field crops: a Ricardian approach. Global and Planetary Change 47: 143-152.

Ghimire, S, S. Dhungana, V.V. Krishna, N.O. Teufel e D.P. Sherchan. 2013. Caracterização biofísica e socioeconómica dos sistemas de produção de cereais do Nepal Central. Documento de trabalho do Programa de Socioeconomia 9. México, D.F., CIMMYT.

Giorgi, F. e X. Bi. 2005. Alterações regionais na variabilidade inter-anual do clima de superfície para o século XXIst a partir de conjuntos de simulações de modelos globais. Geophysical Research Letters 32: L13701, doi:10.1029/2005GL023002.

Gruza, G e E. Rankova. 2004. Deteção de mudanças no estado do clima, variabilidade climática e extremos climáticos. Em Izrael, Y; Gruza, G; Semenov, S; Nazarov, I (eds) Proc. Conferência Mundial sobre Alterações Climáticas, 29 de setembro - 3 de outubro de 2003, Moscovo, Instituto do Clima Global e Ecologia, Moscovo, 90-93.

Hori, K., R. B.R. A. Purboyo, Y. Akinaga, T. Okita, e K. Itoh. 1992. Knowledge and preference of aromatic rice by consumers in East and South-east Asia (Conhecimento e preferência de arroz aromático por consumidores no Leste e Sudeste Asiático). J. Consum. Stud. Home Econ. 16, 199-206.

Ierland, E.C., M.G. Klassen e J.A. Szonyi. 2009. Economics of potential climate change Climate Change, Human Systems, and Policy, Vol. II. ISBN: 978-1-905839-03-2.

Inaba, K., e K. Sato. 1976. Danos causados por altas temperaturas na maturação de plantas de arroz. VI. Actividades enzimáticas do grão influenciadas pela temperatura elevada. Proc. Crop Sci. Soc. Jpn. 45,

162-7.

IPCC (Painel Intergovernamental sobre as Alterações Climáticas) .2007. Parry, M.L., O.F. Canziani, J.P. Palutikof, P.J. van der Linden, e C.E. Hanson. (eds). Climate Change 2007: Impacts, Adaptation and Vulnerability, Contribuição do Grupo de Trabalho II para o Quarto Relatório de Avaliação do IPCC, Cambridge: Cambridge University Press

Karn, P.K. 2007. Relatório de um estudo sobre a avaliação económica da região de Churia. União Mundial para a Conservação da Natureza (UICN), Nepal

Khanal, N.R. 2005. Desastres induzidos pela água: Case Studies from Nepal Himalayas. Em Hermann, A (ed) Lndschaftsokologieund Umweltforschung 48:179-188

Lal, M. 2007. Implications of climate change on agricultural productivity and food security in South Asia (Implicações das alterações climáticas na produtividade agrícola e na segurança alimentar no Sul da Ásia). Key Vulnerable Regions and Climate Change-Identifying Thresholds for Impacts and Adaptation in relation to Article 2 of the UNFCCC, Springer, Dordrecht

Leip, A. e S. Bocchi. 2007. Contribuição da produção de arroz para a emissão de gases com efeito de estufa na Europa. Pp. 32-33 in Proceedings of the 4th Temperate Rice Conference, 25-28 de junho de 2007, Novara, Itália.

Mandersheid, R. e H.J. Weigel. 1997. Respostas fotossintéticas e de crescimento de cultivares antigas e modernas de trigo de primavera ao enriquecimento de CO 2 atmosférico. Agriculture, Ecosystems and the Environment 64: 65-71.

Matsui, T., K. Omasa, e T. Horie. (2001). A diferença de esterilidade devido a temperaturas elevadas durante o período de floração entre variedades de arroz japonês. Plant Prod. Sci. 4, 90-93.

Matsui, T., K. Omasa, e T. Horie. 2000. High temperature at flowering inhibits swelling of pollen grains, a driving force for thecae dehiscence in rice (Oryza sativa L.). Plant Prod. Sci. 3, 430-434.

Mendelsohn, R. e A. Dinar. 1999. Climate change, agriculture, and developing countries does adaptation matter? The World Bank Research Observer 14: 277-293.

Mendelsohn, R. e M. Reinsborough. 2007. A Ricardian analysis of US and Canadian farmland. Climatic Change 81: 9-17.

Mendelsohn, R., W. Nordhaus, e D. Shaw. 1999. The impact of climate variation on US agriculture, em Mendelsohn, R e J. Neumann. (eds). The Impact of Climate Change on the United States Economy, Cambridge, Reino Unido: Cambridge University Press.

MoAC. 2013. Livro de Progresso Anual 2066/67, Departamento de Agricultura, Ministério da Agricultura e Cooperativas, Nepal.

Murdiyarso, D. 2000. Adaptação à variabilidade e às alterações climáticas: Perspectivas asiáticas sobre agricultura e segurança alimentar. Environmental Monitoring and Assessment 61: 123131.

Natsagdorj, L., P. Gomboluudev e P. Batima, 2005: Climate change in Mongolia. Climate Change and its Projections, P. Batima e B. Myagmarjav, Eds., Admon publishing, Ulaanbaatar.

Nelson, G. C., M. W. Rosegrant, R. Robertson, T. Sulser e T. Zhu, et al. 2009. Climate Change: Impact on Agriculture and Costs of Adaptation [Alterações Climáticas: Impacto na Agricultura e Custos de Adaptação]. Washington, D.C.: Instituto Internacional de Investigação sobre Políticas Alimentares.

Parry, M.L. C. Rosenzweig, A. Iglesias, M. Livermore e G. Fischer. 2004. Effects of climatechange on global food production under SRES emissions and socioeconomic scenarios. Global Environmental Change 14: 53-67.

Poorter, H., M.L. Navas. 2003. Crescimento e competição de plantas em CO2 elevado: sobre vencedores, perdedores e grupos funcionais. New Phytologist 157: 175-198.

Rosenzweig, C e M. Parry. 1994. Potential impacts of climate change on world food supply, Nature 367: 133-138.

Rosenzweig, C. A. Iglesias, X.B. Yang, P.R. Epstein e E. Chivian. 2000. Climate Change and U.S. Agriculture: The Impacts of Warming and Extreme Weather Events on Productivity, Plant Diseases, and Pests [Os Impactos do Aquecimento e dos Eventos Meteorológicos Extremos na Produtividade, Doenças das Plantas e Pragas]. Center for Health and the Global Environment. HarvardMedical School, Boston.

Ruosteenoja, K., T.R. Carter, K. Jylha e H. Tuomenvirta, 2003: Future climate in world regions: an inter-comparison of model-based projections for the new PCC emissions scenarios. The Finnish Environment 644, Instituto Finlandês do Ambiente, Helsínquia.

Sage, R.F. 1995. O baixo nível de CO2 atmosférico durante o Pleistoceno foi um fator limitante para a origem da agricultura? Global Change Biology 1: 93-106.

Sanghi, A. e R. Mendelsohn. 1999. The impact of global warming on Brazilian and Indian agriculture (O impacto do aquecimento global na agricultura brasileira e indiana). Global Environmental Change

18: 655-665.

Shimazaki, Y., T. Satake, N. Ito, Y. Doi, e K. Watanabe. 1964. Espiguetas estéreis em plantas de arroz induzidas por baixas temperaturas durante a fase de arranque. Bula de pesquisa. Hokkaido Natl. Agr. Exp. Stat. (Jpn.) 83, 1-9.

Shrestha, A.B. 2004. Climate change in Nepal and its impact on Himalayan glaciers, apresentado no Simpósio do Fórum Europeu do Clima sobre "Key vulnerable regions and climate change: Identifying thresholds for impacts and adaptation in relation to Article 2 of the UNFCCC", Beijing

Stern, N. 2006. The Economics of Climate Change: The Stern Review. Cambridge, Reino Unido Cambridge University Press.

Tao, F. M. Okozawa, Z. Zhang, Y. Hayashi, H. Grassl, C. Fu. 2004. Variabilidade da climatologia e da produção agrícola na China em associação com a monção de verão da Ásia Oriental e a oscilação sul do El Niño. Investigação Climática 28: 23-30

Tashiro, T. e I. F. Wardlaw. 1991a. The effect of high temperature on the accumulation of dry matter, carbon and nitrogen in the kernel of rice. Aust. J. Plant Physiol. 18, 259-265.

APÊNDICES

Appendix 1: Descrição das variáveis utilizadas na regressão logit

Variável	Descrição	Unidade	Sinal esperado
Idade HHH	Idade do chefe do agregado	Ano	+
Educação	Educação do chefe do agregado familiar analfabeto ou alfabetizado (1/0)	=1 analfabeto = 0 caso contrário	+
Ocupação	Ocupação do chefe do agregado familiar Agricultura ou outro (1/0)	= 1 Agricultura = 0 caso contrário	+
Dimensão da exploração	Dimensão total das terras cultivadas	Ha	+
Margem bruta	Margem bruta da produção de arroz	Rs nepalês	+
Tipo de casa	Casa de betão ou outros tipos (1/0)	=1 betão; 0 = Caso contrário	+
LSU	Total das explorações pecuárias de família	Expresso em termo de gado	+
Segurança alimentar estatuto	Se a família é autossuficiente em termos alimentares suficiente ou não	= 1 suficiente = 0 caso contrário	+
EA	Número de membros económicos na casa		+

Appendix 2: Resultado do modelo de regressão logit

2.1 Descrição estatística das diferentes variáveis utilizadas no modelo logit

Variáveis	Média	Erro padrão
Distrito	0.5	0.502
Idade HHH	51.67	12.59
Educação	0.866	0.388
Ocupação	0.275	0.488
Tipo de casa	0.225	0.419
Dimensão da exploração	0.423	0.357
Situação da segurança alimentar	0.716	0.452
LSU	4.0703	3.16
Margem bruta	16125.37	16503
EA	3.566	1.406

2.2 Área sob a curva ROC = 0,8390

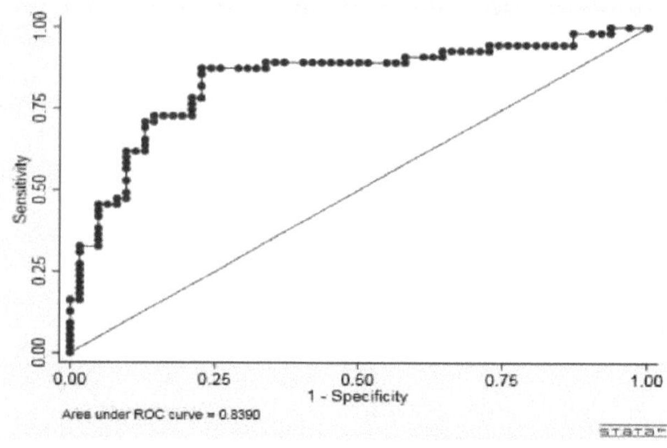

2.3 Regressão logística

Número de observações = 120

L R chi^2 = 38,27

Prob > chi^2 = 0,0000

Pseudo R^2 = 0,2365

Probabilidade de log = -61,754895

Y = Pr (Adaptação) (previsão) = 0,435

Previsões corretas 78,638%

Variable	Coefficients	Z	P>|Z|	Standard error	dy/dx[b]
District	1.4577**	2.49	0.013	0.5847	0.3432
Age HHH	-0.05255**	-2.11	0.035	0.0248	-0.01292
Education	0.83385	1.46	0.145	0.5694	0.20456
Occupation	-1.6213**	-2.55	0.011	0.63700	-0.37963
House type	1.4893**	2.42	0.016	0.6157	0.3535
Farm size	2.3270**	2.46	0.014	0.9447	0.5719
Food security status	-0.1565	-0.31	0.76	0.5112	0.03859
LSU	0.1617*	1.72	0.086	0.09428	0.03974
Gross margin	-0.00006**	-2.47	0.014	0.00002	0.00001
EA	0.2566	1.31	0.192	0.1905	0.06307

** Significância a p = 5%;

*Significativo a p=10% * dy/dx refere-se a uma alteração discreta da variável fictícia de 0 para 1.

Appendix 3: Dados climáticos da estação de Rampur (Chitwan)

Latitude: 270 35'

Longitude: 840 25

Elevação: 256 msnm

3.1 Temperatura máxima registada em^0 C nos últimos 20 anos na estação de Rampur (Chitwan)

Ano	Jan	Fev	Mar	abril	maio	Jun	Jul	agosto	setembro	outubro	Nov	Dez
1994	24.2	26	32	36.8	28.2	35.9	34.6	34.5	33.3	32.2	28.9	24.7
1995	21.6	25.9	31.3	37.1	39.1	33.7	33.6	33.9	33	32.7	28.8	23.9
1996	22	25.8	31..8	36.5	37.6	34	33.1	33.4	33.3	30.5	28.8	24.8
1997	22.4	25	31.5	32.5	36.2	36.4	34.4	33.8	33.2	31.1	28.3	22.2
1998	20.2	26.1	28.5	33.7	36.5	36.8	32.7	33	33.9	33.2	29.4	25.2
1999	22.9	38.2	33.5	37.9	34.8	34.4	33	33	33.5	32.2	28.9	25.3
2000	22.1	24.6	31.3	35.4	34.1	34.2	33.6	33.3	32.9	33.5	28.8	25.3
2001	23.2	27.2	33	36.7	34.6	34.2	33.9	34.4	33	32.8	29	23.7
2002	23.6	27.4	32	34.3	33.9	35.2	33.4	34.3	33.4	32.4	29.6	24.5
2003	20.5	26	29.6	34.8	35.5	34.2	33.7	33.9	33.2	32.8	29	24.7
2004	21.3	26.4	33.2	33.4	34.9	34.6	33	34.5	33.3	31.5	28.1	24.7
2005	23.2	26.3	32.4	36.2	35.9	36.6	33.1	33.0	34.5	31.5	28.2	25.0
2006	23.0	28.5	32.4	34.8	35.1	34.7	34.3	34.7	33.4	32.9	28.5	24.3
2007	22.3	24.4	30.0	35.4	36.4	34.7	32.5	33.9	32.5	32.3	29.7	24.4
2008	22.3	24.3	31.4	35.8	35.5	33.2	33.2	32.5	33.1	31.1	28.1	24.0
2009	23.4	27.8	32.5	37.5	35.4	35.1	33.8	32.6	33.6	31.2	26.9	23.4
2010	20.0	25.4	33.1	38.1	35.2	35.4	33.5	33.5	32.8	31.4	27.1	24.0
2011	20.3	26.1	31.1	34.6	34.0	34.0	32.6	33.0	32.9	32.0	26.2	21.9
2012	20.9	25.1	30.2	34.3	37.0	35.1	33.3	33.7	32.7	31.1	27.5	22.6
2013	21.0	25.7	31.9	34.6	35.0	34.2	33.3	33.7	30.1	27.3	21.7	27.4

3.2 Temperatura mínima registada em^0 C nos últimos 20 anos na estação de Rampur (Chitwan)

Ano	Jan	Fev	Mar	abril	maio	Jun	Jul	agosto	setem bro	outubr o	Nov	Dez
1994	9.3	9.3	15.6	17.9	22.6	25.3	25.8	25.6	24.3	19.3	12.4	8.2
1995	7.1	9.7	12.8	16.5	23.8	25.8	25.7	25.4	24.5	20.5	14.2	10.6
1996	9.2	10.4	15.2	17	22.3	24.5	25.5	25.4	24.6	19.9	14.1	8.6
1997	6.7	7.1	12.8	17.7	20.7	24.2	25.6	25.4	24.3	17.8	13.9	10.1
1998	8.6	10.2	13.3	18.8	23.9	26.2	25.6	25.6	25.6	22.8	16.7	12.4
1999	7.8	10.8	11.9	20.1	22.8	24.2	25.4	25.2	24.8	20.6	14.2	10
2000	8.2	8.1	12.1	18.4	23.3	25	25.4	25.5	24.1	20.2	15.2	8.1
2001	7	9.9	12.3	18.1	23	24.9	25.6	25.3	24.1	20.4	14.6	9.8
2002	8.4	10.9	14.5	19.6	22.9	24.7	25.1	25.3	23.4	19.3	13.9	9.8
2003	7.9	10.5	14.2	19.6	21.2	24.3	25.4	25.6	24.8	20.9	15.1	9.2
2004	9.0	10.3	15.8	20.2	22.6	24.4	25.3	25.9	24.4	18.8	13.0	9.7
2005	9.1	10.6	15.3	17.4	21.6	24.9	25.5	25.5	25.1	19.9	13.0	8.8
2006	8.0	14.0	12.8	18.5	23.2	24.6	26.2	25.5	24.0	19.9	14.6	10.5
2007	7.8	11.5	13.4	19.8	23.1	24.7	25.4	25.5	24.3	21.3	13.9	8.9
2008	8.5	7.6	14.7	18.9	22.3	25.1	25.7	25.5	24.3	19.7	13.8	12.0
2009	10.0	10.2	13.3	19.2	22.5	24.9	26.5	25.9	24.9	20.3	14.4	10.2
2010	10.3	11.9	19.1	23.3	25.4	26.9	26.5	26.7	25.8	22.8	17.0	9.1
2011	8.2	15.1	18.9	19.6	22.3	24.2	24.1	24.1	23.6	24.7	12.9	8.5
2012	5.9	7.5	11.9	18.0	22.1	24.4	23.6	28.0	26.6	15.3	7.5	5.9
2013	1.8	7.0	12.4	16.0	23.9	26.3	23.7	23.6	29.3	16.2	12.3	8.7

3.3Queda de chuva registada em mm nos últimos 20 anos na estação de Rampur (Chitwan)

Ano	Jan	Fev	Mar	abril	maio	Jun	Jul	agosto	setembro	outubro	Nov	Dez
1994	39.9	32.6	9.3	24.8	123.4	406.3	419.7	400.3	483.5	3.6	0.0	4.2
1995	1.5	2.9	5.9	36.0	152.9	507.4	479.4	454.6	196.4	42.5	58.9	3.5
1996	55.7	40.4	0.0	6.0	113.6	364.2	482.7	341.8	261.6	117.8	0.0	0.0
1997	13.4	1.5	2.9	144.6	83.4	321.7	583.2	4813.0	290.9	64.4	7.9	146.0
1998	4.4	13.2	87.2	87.3	150.1	332.3	573.7	1046.5	353.6	92.5	3.1	0.0
1999	0.4	0.0	0.0	10.1	334.2	384.5	611.4	686.6	312.4	202.1	0.2	0.0
2000	0.8	9.8	24.9	73.0	215.5	520.8	558.3	333.2	206.9	6.4	0.0	0.0
2001	1.6	18.6	0.8	67.4	246.9	386.3	644.8	548.2	376.8	28.3	20.4	0.0
2002	31.9	28.3	45.6	97.7	391.9	600.9	853.3	303.3	263.7	22.7	44.6	0.0
2003	35.1	59.4	62.0	101.0	99.9	473.5	930.0	548.9	292.2	81.1	0.0	10.7
2004	62.7	0.0	0.0	180.2	111.4	472.4	495.5	214.3	417.7	75.7	12.0	0.0
2005	32.1	6.4	38.9	28.8	133.5	139.9	349.2	671.1	148.6	183.5	0.0	0.0
2006	0.0	0.1	3.0	125.9	279.7	387.1	352.3	405.4	362.0	60.6	2.1	19.0
2007	0.0	80.3	47.6	100.9	131.0	406.7	497.2	427.4	926.7	120.2	4.6	0.0
2008	17.1	1.7	33.8	40.4	133.6	378.6	431.4	458.1	218.7	87.3	0.0	0.0
2009	0.0	0.1	0.0	7.3	274.2	179.2	465.5	733.5	126.2	101.1	0.0	2.2
2010	0.0	0.0	0.0	165.0	193.0	372.0	115.0	641.2	525.2	48.6	0.0	0.0
2011	0.0	34.9	34.4	33.7	217.2	315.8	1069.4	29.9	156.6	0.4	74.4	0.0
2012	16.1	47.4	108.1	134.8	62.3	246.0	485.5	229.0	389.8	11.0	0.0	0.0
2013	9.6	0.0	29.5	34.2	375.9	667.5	161.0	175.0	13.0	0.4	0.0	0.0

Appendix 4: Dados climáticos da estação de Dhuni Besi (Dhading)

Latitude: 270 43 '

Longitude: 850 11

Elevação: 1085 m.a.s.l.

4.1 Temperatura máxima registada em^0 C nos últimos 20 anos na estação de Dhune Besi (Dhading)

	Jan	Fev	Mar	abril	maio	Jun	Jul	agosto	setembro	outubro	Nov	Dez
1994	19.6	20.7	26.6	30.6	32.3	31.3	30.3	30	28.6	27.2	22.9	19.8
1995	17.9	20.5	26.3	31.1	34.7	31.5	30.8	30.4	29.8	28	23.5	19.8
1996	18.8	22	27.7	31.4	33.7	31.7	31.5	30.4	29.6	26.7	24.4	20.6
1997	18.5	20.3	26.8	27.4	31.2	32.1	31.1	30.9	30.1	26.3	23.7	18.3
1998	18.6	21.5	23.7	29.3	30.6	32.1	29.8	30.2	30.2	28.5	24.6	20.7
1999	19.4	24.9	28.2	34.1	31.7	31.6	29.4	29.7	29.5	26.7	24.7	20.4
2000	19.2	21.3	25.9	31.1	31	30.1	30.6	30.1	29.4	28.2	24.4	20.2
2001	18.8	22.8	26.6	31.5	30.2	31.1	30.8	31.1	29.4	28.3	23.9	20
2002	18.3	21.8	26.7	28.9	29.4	31.4	30.6	30.1	28.1	26.8	24.4	20.2
2003	18.9	21	24.4	30.2	30.9	31.1	30.8	30.4	29.1	27.8	23.7	19.4
2004	18.4	22	28.7	29.8	31.4	30.6	29.9	30.2	29.1	26	21.4	18.5
2005	17.5	22.1	27.0	30.2	30.6	33.0	30.8	29.7	30.3	27.0	22.3	18.8
2006	20.0	24.8	27.2	30.7	31.8	31.2	31.3	30.6	29.3	28.0	23.3	19.6
2007	18.0	19.7	25.3	30.7	31.8	32.0	30.0	30.4	28.9	27.3	22.8	18.9
2008	17.9	20.3	26.7	30.5	31.6	31.0	30.6	29.9	29.7	27.4	23.3	19.9
2009	20.0	24.3	28.2	32.7	33.1	33.9	32.0	30.9	31.0	27.4	22.8	19.1
2010	19.4	21.8	28.9	33.0	33.2	34.2	31.0	30.7	29.3	27.1	23.0	18.7
2011	17.4	22.0	27.2	30.1	31.7	32.2	30.4	30.4	29.5	28.0	22.5	18.3
2012	17.5	22.3	27.2	30.7	33.9	34.0	30.9	30.5	29.9	27.5	22.2	19.9
2013	18.3	21.8	28.2	30.7	31.4	33.0	31.3	30.9	29.6	27.3	22.0	19.1

4.2 Temperatura mínima registada em^0 C nos últimos 20 anos na estação de Dhune Besi (Dhading)

	Jan	Fev	Mar	abril	maio	Jun	Jul	agosto	setembro	outubro	Nov	Dez
1994	9.2	9.2	15.3	17.6	20.1	21.8	22.3	22.1	20.8	17.3	12.4	9
1995	7.7	9.7	13.6	17.5	21.8	22.2	22.5	22	20.7	17.3	13	9.5
1996	8.1	10.4	15	17.7	20.4	20.7	22.4	21.9	20.8	17.1	13.2	9.8
1997	8.1	8.7	14.4	15.7	19.7	20.9	22.4	22.2	20.8	15	13.1	8.8
1998	8	10.2	12.3	16.7	19.1	22.6	22	22	21.8	19.6	14.9	10.5
1999	8.8	13.1	15.4	19.8	20.4	21	21.5	21.4	21.1	17.5	13.3	10.4
2000	8.3	8.5	12.4	17.7	20.1	21.6	21.8	21.6	20.4	17.8	13.7	9.4
2001	7.9	10.7	13.9	17.7	19.3	21.4	22.1	21.8	20.5	17.5	13.4	9.7
2002	8.4	10.6	14.8	17.3	19.3	21.5	21.8	21.6	20	16.8	12.9	9.7
2003	7.8	10	13.2	18.2	18.6	21.3	21.8	22	21.2	18.3	13.2	9.4
2004	7.9	10.5	16.4	17.1	19.8	20.7	21.8	22.4	21.3	17.1	12.2	9.8
2005	8.3	10.2	14.8	17.2	19.1	22.3	22.3	22.7	21.4	17.4	12.2	8.5
2006	8.4	13.9	14.3	16.8	20.4	21.7	22.9	22.0	20.4	17.0	13.2	9.5
2007	8.1	10.0	13.4	18.7	20.4	21.5	22.1	22.0	20.6	17.5	12.2	8.2
2008	7.4	8.3	13.7	16.5	18.3	21.2	22.8	23.3	20.4	16.6	12.7	10.4
2009	9.0	11.3	13.7	17.4	19.5	20.9	22.7	21.7	21.1	16.8	11.4	8.7
2010	7.9	9.0	15.2	16.7	18.8	21.6	21.9	21.6	20.0	16.6	12.9	8.0
2011	7.5	9.6	13.8	16.0	18.7	21.1	21.7	21.5	20.4	17.0	12.4	8.4
2012	6.7	9.4	12.6	16.9	19.7	21.8	22.1	21.7	20.8	15.5	10.3	8.1
2013	7.2	9.0	13.7	18.7	19.8	22.3	22.9	22.0	20.5	15.4	10.2	9.2

4.3Queda de chuva registada em mm nos últimos 20 anos na estação de Dhune Besi (Dhading)

Ano	Jan	Fev	Mar	abril	maio	Jun	Jul	agosto	setembro	outubro	Nov	Dez
1994	34.5	23.7	19.0	7.0	103.8	386.3	275.1	363.9	325.8	0.0	6.0	0.0
1995	6.4	36.5	51.4	1.6	89.0	696.6	388.0	403.6	126.8	13.8	98.0	6.6
1996	62.7	23.0	2.8	15.8	68.2	367.9	425.9	364.2	152.0	58.0	0.0	0.0
1997	35.0	6.6	3.0	108.5	105.5	266.3	404.8	400.6	232.8	33.2	11.4	113.0
1998	1.1	21.2	101.6	22.2	268.2	213.3	655.0	542.7	124.4	46.4	7.5	0.0
1999	12.0	0.0	0.0	5.4	187.4	392.0	785.2	845.0	561.4	236.8	0.0	0.0
2000	0.0	10.2	26.2	27.9	221.8	275.2	403.2	786.2	264.2	0.0	0.0	0.0
2001	21.0	3.2	18.1	186.7	234.2	462.9	262.8	203.2	16.6	0.0	0.0	7.2
2002	42.8	39.2	18.0	134.6	164.6	211.6	620.4	335.0	205.0	10.8	22.2	0.0
2003	22.0	63.0	88.2	60.8	109.0	183.4	571.8	655.2	290.0	24.6	0.0	32.6
2004	28.2	0.0	6.2	58.6	163.6	168.4	474.4	264.2	245.6	114.6	16.2	0.0
2005	48.6	9.8	52.2	85.4	96.5	143.1	299.6	344.6	95.4	128.2	0.0	0.0
2006	0.0	22.4	107.0	75.4	200.6	272.2	358.8	388.4	18.4	4.6	24.3	0.0
2007	89.4	51.4	74.0	85.2	181.2	295.0	302.4	346.0	45.2	4.4	0.0	0.0
2008	0.0	40.8	33.5	85.6	321.6	307.0	378.6	221.4	13.2	0.0	8.4	7.2
2009	0.0	14.8	11.4	112.4	68.0	269.2	520.4	74.8	69.8	1.4	1.8	0.0
2010	29.6	23.0	52.2	68.4	145.4	342.8	402.6	272.8	31.6	0.0	0.0	5.4
2011	50.0	8.3	68.4	102.2	256.0	454.6	503.4	294.1	25.0	6.8	0.0	5.2
2012	26.9	42.2	19.4	86.4	60.4	193.0	552.1	458.8	243.5	0.0	16.4	0.0
2013	45.3	ADN	ADN	207.1	360.7	292.8	596.1	63.8	87.7	0.0	0.0	15.6

Anexo 5: Área, produção e produtividade do arroz em Chitwan

Ano	Produção	Área	Produtividade
2001/2002	112025	33800	3.31
2002/2003	98815	31876	3.10
2003/2004	91280	32600	2.80
2004/2005	93702	33465	2.80
2005/2006	78280	32972	2.37
2006/2007	80408	28717	2.80
2007/2008	105700	32755	3.23
2008/2009	107815	32755	3.29
2009/2010	85406	29605	2.88
2010/2011	110944	32770	3.39
2011/2012	103496	29655	3.49
2012/2013	94800	28625	3.31
2013/2014	94752	28454	3.33

Anexo 6: Superfície, produção e produtividade do arroz em Dhading

Ano	Produção	Área	Produtividade
2001/2002	37665	14657	2.57
2002/2003	45560	14949	3.05
2003/2004	45560	14949	3.05
2004/2005	47055	15438	3.05
2005/2006	46590	15750	2.96
2006/2007	37713	15800	2.39
2007/2008	42000	16100	2.61
2008/2009	42500	16720	2.54
2009/2010	34605	14010	2.47
2010/2011	40882	16670	2.45
2011/2012	38187	14750	2.59
2012/2013	33349	12262	2.72
2013/2014	35387	12868	2.75

Appendix 7: ANOVA para regressão logarítmica linear para a produtividade do arroz em Dhading

$R=0{,}833$ $R^{a2} = 0{,}693$

***= significativo a p= 0,001 **= significativo a p= 0,05

Variável dependente = ln(produtividade) = Ln(P)

Ln (P) = 16,445-0,696*ln(Área)+2,552*ln(SMnT)-4,857*ln(SMxT)+0,003*ln(SnRf)

	Coeficientes B	Erro Std.	T-stat	p>|t|
(Constante)	16.445	5.942	2.767	0.024
Ln(Área)	-0.696**	0.259	-2.693	0.027
Ln(SMnT)	2.552	1.486	1.717	0.124
Ln(SMxT)	-4.857***	1.28	-3.794	0.005
Ln(SnRf)	0.003	0.017	0.154	0.881

Appendix 8: ANOVA para regressão logarítmica linear para a produtividade do arroz em Chitwan

$R=0{,}633$ $R^{a2} =0{,}40$

*= significativo a p= 0,1

Variável dependente= Ln (produtividade) = Ln(P)

Ln (P) = 16,335-0,44*ln(Área)-0,096*ln (SMnT)-3,754*ln (SMxT)+0,36*ln (SnRf)

	Coeficientes B	Erro Std.	T-stat	p>|t|
(Constante)	16.335*	7.713	2.118	0.067
Ln(Área)	-0.44	0.638	-0.689	0.51
Ln(SMnT)	-0.096	1.021	-0.094	0.928
Ln(SMxT)	-3.754*	1.717	-2.186	0.06
Ln(SnRf)	0.36	0.225	1.601	0.148

Printed by Books on Demand GmbH, Norderstedt / Germany